Autor:
Prof. Dr. Hans Jürgen Rösler, Freiberg

Vorgetragen in der Sitzung am 8. Dezember 1989
Manuskript eingereicht am 20. April1990
Druckfertig erklärt am 27. Februar 1991

Lektorat: Heide Deutscher

Die Deutsche Bibliothek - CIP-Einheitsaufnahme
Rösler, Hans-Jürgen:
Die anorganischen Komponenten der Kohlen : 14 Tabellen / Hans Jürgen Rösler. - Berlin : Akad.-Verl., 1991
(Sitzungsberichte der Sächsischen Akademie der Wissenschaften zu Leipzig, Mathematisch-Naturwissenschaftliche Klasse ; Bd. 122, H. 6)
ISBN 3-05-501317-4
NE: Sächsische Akademie der Wissenschaften <Leipzig> / Mathematisch-Naturwissenschaftliche Klasse: Sitzungsberichte der Sächsischen . . .

ISBN 3-05-501317-4
ISSN 0371-327X

Erschienen in der Akademie Verlag GmbH,
O-1086 Berlin (Federal Republic of Germany), Leipziger Str. 3-4
Gedruckt auf säurefreiem Papier

Druck & Bindung: Gam Media GmbH,
Bestellnummer: 2027/122/6
Printed in the Federal Republic of Germany

Inhaltsverzeichnis

1. Allgemeines zur Einführung 5

2. Was sind anorganische Komponenten der Kohle? 7
2.1. Definition
2.2. Arten und Bestimmung anorganischer Komponenten

3. Entstehung der Typen anorganischer Komponenten in Kohlen 15
3.1. Klastische anorganische Komponenten
3.2. Sorptiv gebundene anorganische Komponenten
3.3. Regionale Unterschiede der anorganischen Komponenten

4. Kohlenaschen durch thermische Behandlung 31

5. Bewertung der Kohlenaschen 37
5.1. Nutzen der Braunkohlenaschen
5.2. Schaden der Braunkohlenaschen

Literaturverzeichnis 45

1. Allgemeines zur Einführung

Als wir uns vor einigen Monaten in Großsteinberg von berufenen Fachleuten über die Bedeutung und Besonderheiten der ökologisch-ökonomischen Auswirkungen des ostdeutschen Braunkohlenbergbaus berichten ließen, fiel mir auf, daß viel über die Möglichkeiten und Folgen der Entsorgung von Rückständen, speziell von Braunkohlenaschen, gesprochen wurde, jedoch relativ wenig über den speziellen Charakter dieser Rückstände. Dabei klang immer wieder an, daß bei der Nutzung von Aschen unterschiedlichster Art der Chemismus, ihre mineralische Zusammensetzung, ihre Wasserdurchlässigkeit und Löslichkeit, ihre Toxidität und viele andere Eigenschaften von erheblicher Bedeutung sein können und damit die Art der Behandlung dieser Rückstände zur Nutzung oder Unschädlichmachung bestimmen. Auch über die Entstehung des unterschiedlichen Charakters der anorganischen Komponenten der Kohlen wurde nicht gesprochen, wobei ich an die geologisch-geochemischen Bildungsbedingungen denke. Sicher hätte eine ausführliche Behandlung dieser Probleme von der damaligen Thematik zu weit weggeführt, so daß es mir heute erlaubt sei, diese Lücke durch die Darlegung einiger, insbesondere naturwissenschaftlicher Grundlagen teilweise zu schließen.

Zur Einstimmung sei folgendes gesagt: Die Kohle macht von der Vorratsseite fossiler Brennstoffe in der Welt etwa 84 %, von der derzeitigen Nutzung nur etwa 32 % aus. Sie wird also noch längere Zeit gebraucht werden, um unseren Rohstoff- und Energiebedarf zu decken.

In Ostdeutschland wird von einheimischen Quellen fester fossiler Brennstoffe nur die Braunkohle eingesetzt, wobei in den letzten Jahren bei einer Absolutförderung von etwa 320 Mio t Rohkohle folgender Verteilerschlüssel gilt (nach SEIFFERT, SIPPEL, SÜSS, 1986):

65 % Einsatz in Kraft- und Heizwerken
35 % Erzeugung von Briketts
davon 25 % für Wärmeerzeugung in Haushalten und Industrie
10 % für Veredlung, davon 4 % Schwelung
4 % Verkokung
2 % Vergasung.

Weiterhin möchte man bedenken, daß über 5 % des ostdeutschen Benzinbedarfs aus der "Verflüssigung" der Braunkohle stammt.

An der Realisierung sind im wesentlichen mehrere Großkraftwerke sowie Heizwerke und andere regionale Einheiten, etwa 50 Brikettfabriken und Schwelereien als auch die Erzeuger von Stadtgas und BHT-Koks, wie "Schwarze Pumpe" und "Lauchhammer", beteiligt. Die regionale Verteilung der Kohlenlagerstätten wird in Abb. 1 gezeigt.

Die bei den genannten Veredlungsprozessen anfallenden Asche- und Schlackenmengen betragen etwa 30 Mio t/a, wobei allein 15 Mio t als Braunkohlenfilterasche abgeschieden werden. Der Anteil der den Schornstein zusätzlich verlassenden Flugstäube macht etwa 40 % aller Staubemissionen in der ehemaligen DDR aus.

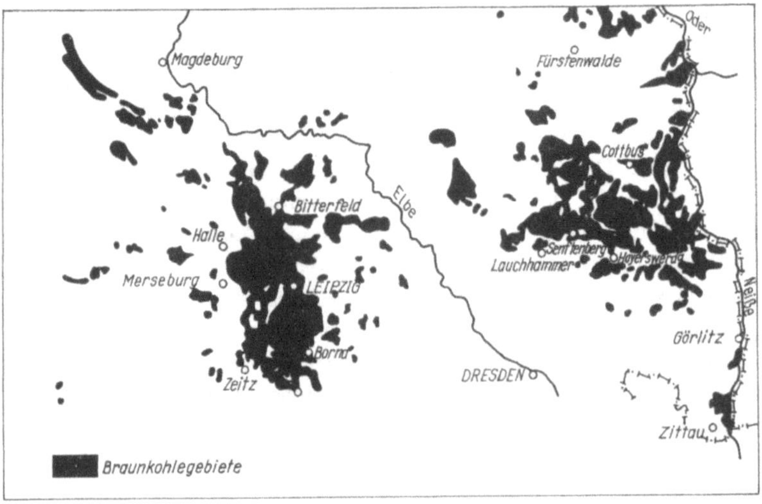

Abb. 1. Übersicht über die Braunkohlenlagerstätten der ehemaligen DDR, nach SEIFERT, VULPIUS, 1986

2. Was sind anorganische Komponenten der Kohle?

2.1. Definition

Gestatten Sie mir zum Anfang meiner Ausführungen einige kurze Definitionen bzw. Erklärungen. Unter Kohlen wollen wir hier alle Sedimente abgestorbener Pflanzen verstehen, die einer chemischen Veränderung unterlegen waren. Kohlenbildende Pflanzen sind, je nach dem Alter der Kohle, z.B. Bäume (Sequoia, Pinus, Taxodium, Palmen, Sigillarien u.a.), Sträucher (Ericaceen, Myricaceen, Lauraceen, Calamiten u.a.), Gräser sowie Wurzelgeflechte, Pflanzendetritus, Pollen u.ä. Nach diesen und weiteren Namen werden auch die Pflanzengemeinschaften oder Faziesarten benannt.

Man kann die geologische Bildung der tertiären Braunkohlen allgemein in einem Schema darstellen, wie es Abb. 2 zeigt. Hieraus ist zu ersehen, daß sich die Moore meist in einem Übergangsbereich zwischen Abtragungsgebiet (links) und einem Meer oder See (rechts) bilden. Die Braunkohlen lassen sich im wesentlichen nach dem

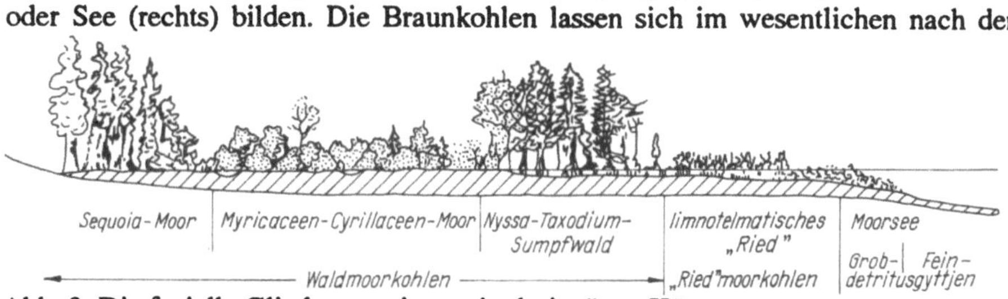

Abb. 2. Die fazielle Gliederung eines mittelmiozänen Küstenmoorsaumes, nach TEICHMÜLLER

Mikrolithotypen-Gruppe	Mikrolithotyp
TEXTIT	Eu-Textit
	Medio-Textit
	Gelo-Textit
DETRIT	Texto-Detrit
	Eu-Detrit
	Gelo-Detrit
GELIT	Texto-Gelit
	Detro-Gelit
	Eu-Gelit

Abb. 3. Mikrolithotypen der ostdeutschen Braunkohle

pflanzlichen Ausgangssubstrat, dem Inkohlungsgrad sowie dem Verwendungszweck gliedern (siehe Abb. 3 und Tab. 1).

Tabelle: 1
Gliederung der Braunkohle nach dem Verwendungszweck und die gültigen Konditionen, nach HÄUSSER et al., 1986

Kesselkohle	>15% Asche	1,5 - 5,0% Schwefel
Brikettierkohle	< 15% Asche	>1,2 % Schwefel
Schwelkohle	< 30% Asche	2 - 4 % Schwefel
Kokskohle	< 10% Asche	<1,2 % Schwefel
Salzkohle	1 - 20% Na_2O	

Zur ersten Möglichkeit ist zu sagen, daß die allgemeinste Braunkohlengliederung die in "humitische" und "bituminöse" Typen ist, wobei der Vorteil ist, daß sie sich farblich und texturell unterscheiden. In Abb. 3 ist eine moderne Untergliederung von humitischer Kokskohle dargestellt, wobei der strukturelle Aspekt überwiegt.

Unter dem Einfluß der sog. biochemischen und späteren geochemischen Umwandlung der pflanzlichen Substanz bei der Einbettung in meist sandige und tonige Sedimente erfolgt eine Veränderung der hauptsächlich zellulose- und ligninhaltigen Pflanzenkörper über Torf, Braunkohle, verschiedene Steinkohlenarten bis zum Anthrazit und Graphit. Die summarische chemische Entwicklung dieses als Inkohlung bezeichneten Prozesses ist übersichtsmäßig aus der Tabelle 2 zu ersehen.

Tabelle: 2
Ungefährer Anteil der Komponenten bei der Inkohlung, Angaben in %

Produkt	C	Flüchtige Bestandteile	H	O
Holz	50	80	6,0	44
Torf	55	65	6,0	39
Braunkohle	68	45	5,8	25
Glanzkohle	74	40	5,7	20
Flammkohle	79	35	5,2	18
Anthrazit	96	< 8	2,0	2

Es sei erwähnt, daß noch weitere, z.T. wesentliche Einflußfaktoren auf die Kohlenbildung wirken, so z.B. der katalytische Einfluß von Haupt- und Spurenelementen, der Chemismus und pH-Wert des immer vorhandenen Wassers, die Verfügbarkeit von

Sauerstoff und die Lebensmöglichkeit und Wirksamkeit der stets anwesenden Mikrobenwelt (Pilze, Actinomyceten usw.).

Auch die geologische Art der Kohlenflözbildung ist, meist im Komplex mit den genannten Faktoren, von Einfluß auf die Entwicklung des Typs und damit der Qualität der Kohle. In der schematischen Darstellung von Abb. 4 sei erläutert, auf welche Art ein sinkender Untergrund, die häufigste Voraussetzung für die Bildung eines Braunkohlenmoores, entstehen kann.

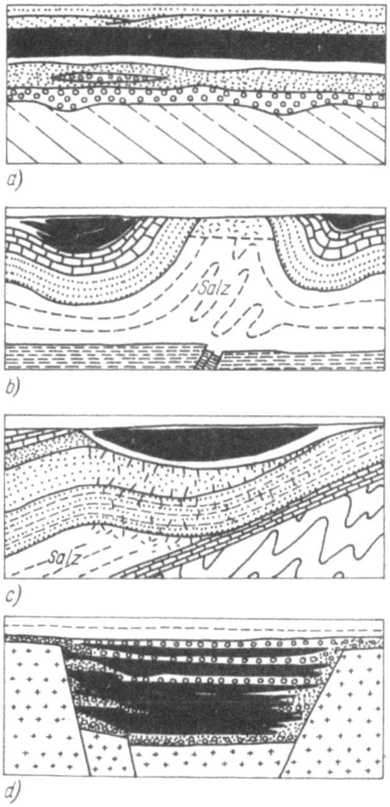

Abb. 4.
Typisierung von Kohlenflözen auf der Grundlage unterschiedlicher Absenkvorgänge, in Krug, Naundorf, 1984, nach LEHMANN
a) epirogenetischer Typ
b) Salzabwanderungstyp
c) Salzauslaugungstyp (Karsttyp)
d) tektogenetischer Typ

2.2. Art und Bestimmung anorganischer Komponenten

Alle Kohlen sind Gemenge und z.T. Gemische zwischen organischen und anorganischen Komponenten. Die anorganische Substanz kann auf unterschiedliche Art in die Kohle gelangen:

1. primär durch die anorganischen Anteile der kohlenbildenden Pflanze ("Eigenasche" oder "innere Asche", siehe Tab. 3),
2. durch Einschwemmung klastischen anorganischen Materials in das Flöz (Sande, Tone, Schluffe),

3. durch Ausfällung gelöster anorganischer Stoffe aus dem Wasser,
4. durch Sorption von anorganischen Elementen und Verbindungen an die organische Substanz,
5. durch Neu- und Umbildung von anorganischen Stoffen und Mineralen bei dem Inkohlungsvorgang.

Tabelle: 3
Innere und äußere Asche von verschiedenen Braunkohlen, nach LISSNER, THAU, 1956

Herkunft der Kohlen	Köln %	Weißenfels %	Helmstedt %	Pechkohle %	Halle %	Kassel %	Moskau %	Böhmen %
Äußere Asche	0,03	3,27	2,13	5,00	10,48	13,08	18,06	22,80
Innere Asche	1,63	2,67	2,96	0,90	2,24	2,00	0,30	0,55

Es existiert demnach eine Eigenasche der Kohlesubstanz, dann eine aus geologisch gestörten Partien bestehende Fremdasche und der gewinnungsbedingte Ballastanteil.

Neben diesen anorganischen Stoffen der Kohle ist noch eine sehr wichtige flüchtige Komponente zu berücksichtigen, die aber schwer dem organischen oder anorganischen Anteil zuzuordnen ist: das Wasser. In der Braunkohle ist etwa 50-60 Masse-% Wasser so stark an die organische Substanz gebunden, daß es nicht mechanisch, sondern nur thermisch entfernt werden kann. Das liegt an dem kolloidalen Zustand der Kohle, bei dem das Wasser unter Brückenbildung fixiert ist. Die organischen Kolloide werden von einer Wasserhülle umgeben, die der elektrischen Doppelschicht entspricht (Abb. 5). Auch diese Wässer sind mineralisiert und geben ihren gelösten anorganischen Anteil bei dem Entzug des Wassers an die Kohle ab.

Alle diese anorganischen nichtflüchtigen Komponenten der Kohle werden im Umgangston als Kohlenasche bezeichnet, da der größte Teil bei der Oxidation der organischen Substanz als Ascherückstand anfällt. Diese Gleichsetzung ist nur zum Teil gerechtfertigt, da viele primäre anorganische Komponenten der Kohlen bei der technologischen Veredlung (Verbrennung, Vergasung, Verflüssigung, Verkokung) ganz erhebliche chemische Umwandlungen erfahren, die die Aschemenge und den Aschechemismus sekundär stark verändern, indem sie mehrere Bindungsverhältnisse durchlaufen. Es ist ein erheblicher Unterschied, ob beispielsweise in der Kohle der Schwefel mit wenigen Prozent vorliegt oder aber in der Labor- bzw. Kraftwerksasche (mit CaO zu CaSO4 aufoxidiert) mit 30 % analysiert wird (Tab. 4). Das gilt auch für Veränderungen der Elementbindungsverhältnisse und -gehalte, die sich während der Inkohlung durch die Bildung und Polymerisation der Huminstoffe, durch die Wirkung der

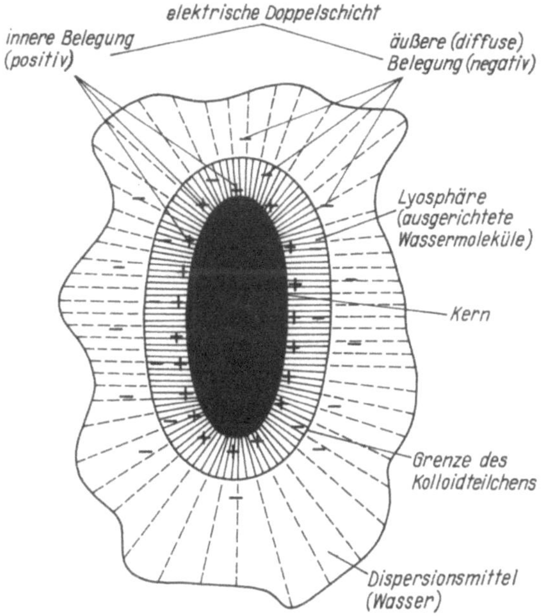

Abb. 5
Schematische Darstellung eines Kolloidteilchens der Braunkohle mit Kern, Lyosphäre und elektrischer Doppelschicht, nach AGDE, SCHÜRENBERG, 1942

Bakterien und anderer Kleinstlebewesen sowie durch die Wirkung des Wassers (z.B. pH-Wert) einstellen.

Bei der Verbrennung tritt der Hauptverlust durch Abspaltung des Wassers und von Schwefelinhaltstoffen als SO_3 auf, aber auch durch Verluste anorganischer Bestandteile, wie z.B. des Cadmiums, Bleis und Arsens. Bestimmte Elemente mit überwiegend adsorptiver Bindung können durch Laborveraschung und noch mehr durch industrielle Behandlung (≥ 1300 C) fast ihren Gesamtbestand verlieren: so hat Quecksilber je nach Bindung in der Asche nur noch 0-5 % seines Ausgangsgehaltes in der Kohle, der Schwefelgehalt geht um 50-70 % zurück.

Wenn man also Kohlenasche und anorganische Komponenten gleichsetzt, dann vor allem deshalb, weil es meist schwierig ist, den primären Anteil anorganischer Komponenten in der Kohle direkt zu bestimmen. Bisher ist es üblich, die Kohle im Labor bei 500-800 C zu veraschen und daraus den Aschegehalt und -chemismus, meist mit Hilfe der Röntgenfluoreszenz, zu bestimmen. Als Standard- oder Referenzmaterialien können dabei die von RÖSLER et al. (1989, vgl. Tab. 4) angebotenen Proben von Spreetal und Espenhain benutzt werden. Neben Versuchen, mit umständlichen chemischen, physikalischen und rechnerischen Prozeduren die ursprüngliche Zusammensetzung der anorganischen Substanz (die "wahre" Asche) in der Kohle festzustellen, hat sich in letzter Zeit eine von der AdW der DDR entwickelte Methode angeboten, die eine aufwendige Niedertemperaturveraschung (bei 2000 C) mit anschließender röntgenographischer Phasenanalyse kombiniert (ADOLPHI, STÖRR, 1985).

Tabelle: 4

Attestierte Werte und Vertrauensintervalle für die beiden Braunkohlenaschen - Referenzmaterialien BE-1 (Bitterfeld) und BS-1 (Spreetal), nach Schrön, Rösler, Düsing, 1989

Element	BE-1			BS-1		
Hauptbestandteile in %:						
SiO_2	10,62	+/-	0,37	15,05	+/-	0,59
Al_2O_3	12,53	+/-	0,49	5,15	+/-	0,31
Fe_2O_3	5,14	+/-	0,29	26,93	+/-	0,76
MnO	0,26	+/-	0,05	0,361	+/-	0,035
MgO	4,65	+/-	0,13	4,91	+/-	0,99
CaO	35,61	+/-	0,19	26,96	+/-	7,54
Na_2O	0,47	+/-	0,44	0,19	+/-	0,02
K_2O	0,180	+/-	0,013	0,195	+/-	0,015
TiO_2	0,390	+/-	0,053	0,253	+/-	0,007
SO_3	28,02	+/-	0,33	18,90	+/-	0,29
P_2O_5	0,75	+/-	0,24	0,07	+/-	0,04
CO_2	1,81	+/-	0,76	0,26	+/-	0,13
Spurenelemente in ppm:						
Ag	0,35	+/-	0,13	6,5	+/-	5,5
As	91,5	+/-	31,5	41,5	+/-	16,5
B	611	+/-	353	309	+/-	175
Ba	2430	+/-	1010	1900	+/-	714
Be	-			2,15	+/-	0,75
Bi	0,27	+/-	0,17	0,18	+/-	0,10
Ce	102,3	+/-	48,3	47,3	+/-	24,5
Co	16,0	+/-	1,5	8,3	+/-	1,2
Cr	71	+/-	5	49,8	+/-	7,9
Cs	1,04	+/-	0,84	0,71	+/-	0,07
Cu	59,3	+/-	7,38	65,0	+/-	1,5
Dy	4,4	+/-	2,6	3,2	+/-	0,9
Er	2,8	+/-	0,7	1,95	+/-	0,50
Eu	1,4	+/-	0,35	1,2	+/-	0,8
Ga	21,5	+/-	4,5	12	+/-	1
Gd	-	+/-		4,73	+/-	1,75
Ge	-			4,13	+/-	2,75
Hf	3,45	+/-	0,45	2,80	+/-	0,55

Element	BE-1			BS-1		
La	55	+/-	20	28,8	+/-	12,5
Lu	-			0,35	+/-	0,29
Mo	3,38	+/-	0,88	5,3	+/-	3,45
Nb	15,0	+/-	1,5	12,3	+/-	9,5
Nd	44,3	+/-	16,5	31	+/-	13
Ni	46	+/-	14	18,0	+/-	0,75
Pb	47	+/-	11	37,5	+/-	13,0
Rb	-			11,3	+/-	1,5
Sb	6,1	+/-	2,7	2,3	+/-	0,7
Sc	19,0	+/-	5,5	5,58	+/-	0,83
Sm	8,5	+/-	3,5	4,6	+/-	1,95
Sn	19	+/-	11	17,5	+/-	9,5
Sr	3510	+/-	325	1620	+/-	554
Ta	1,22	+/-	0,36	6,5	+/-	5,25
Tb	1,4	+/-	0,6	3,65	+/-	2,55
Th	23,0	+/-	3,5	6,1	+/-	3,5
U	5,45	+/-	0,55	-		
V	123,3	+/-	18,8	37,0	+/-	8,3
W	4,3	+/-	6,45	-		
Y	24,0	+/-	3,5	19,0	+/-	3,8
Yb	2,5	+/-	0,95	1,8	+/-	0,55
Zn	329	+/-	53	184	+/-	73
Zr	113	+/-	26	76,5	+/-	24,3
Mineralgehalte in %						
$CaSO_4$	48			33		
Fe_2O_3	5			13		
Quarz	2			6		
Schwefelisotopengehalte in δ^{34} S°/oo:						
Sulfat-schwefel	9,2	+/-	0,4	13,2	+/-	0,4
Sulfid-schwefel	5,9	+/-	0,3	11,9	+/-	0,3

3. Entstehung der Typen anorganischer Komponenten in Kohlen

3.1. Klastische anorganische Komponenten

Kohlen entstehen meistens als Niederungsmoore auf sandig-tonigen Ebenen dann, wenn die Transportkraft des Wassers nachläßt und anstelle des gröberklastischen Materials (Sande) feinklastische Tone abgesetzt werden, auf denen dann die Moorpflanzen wachsen und absterben. Dieser Vorgang hat sich in deutlicher Form bei der Bildung z.B. der karbonischen Moore und Torfe vollzogen, deren spätere Steinkohlen fast stets mit Tonschiefer in Kontakt stehen. An dem Beispiel der Braunkohlenflöze kann gezeigt werden, daß im Tertiär die Ablagerungsbedingungen oft unruhiger waren und verschiedentlich auch direkte Übergänge der Kohlen zu Sanden und Schluffen vorhanden sind. Meist sind aber auch hier relativ gesetzmäßige Entwicklungen zu beobachten, wie das in Abb. 6 schematisch dargestellt ist.

Da bei dem modernen Gewinnungsbetrieb eine saubere Trennung zwischen reiner Kohle, verunreinigter Kohle und dem Nebengestein (in Form von Liegend-, Zwischen- und Hangendschichten) nicht mehr gegeben ist, sind die mineralischen Bestandteile der Sande und Tone gleichzeitig die klastischen Fremdaschen der Kohlen. Die meist mehrfach umgelagerten Sande bestehen hauptsächlich aus Quarz und in geringen Mengen aus anderen schwer verwitterbaren gesteinsbildenden Mineralen, vor allem aber aus den sog. Schwermineralen wie Rutil, Zirkon, Granat, Ilmenit, Magnetit, jedoch auch aus solchen herkunftsanzeigenden wie Kassiterit, Topas und Turmalin. So sind die Sande des Weißelsterbeckens relativ reich an Topas, der von den alten Zinnsteinlagerstätten des Westerzgebirges stammt.

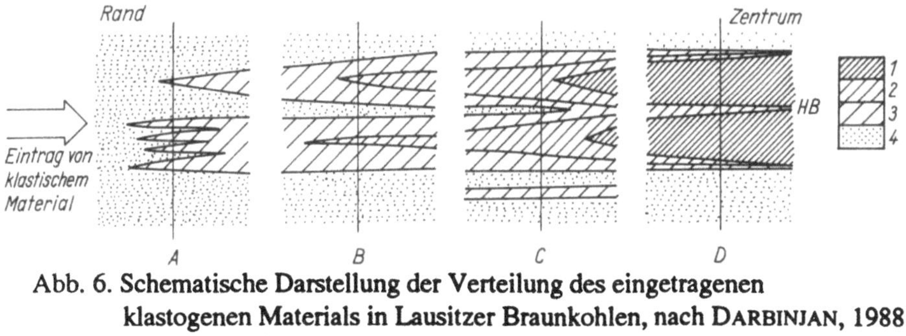

Abb. 6. Schematische Darstellung der Verteilung des eingetragenen klastogenen Materials in Lausitzer Braunkohlen, nach DARBINJAN, 1988
1 - 3 mineralfreie Kohle bis stark "mineralisierte" Kohle
4 Nebengestein

Ähnlich ist es mit den Tonen, die hauptsächlich aus wechselnden Gehalten von Illit, Kaolinit, Glaukonit, Montmorillonit und Wechsellagerungsmineralen bestehen. Auch hier ist es so, daß beispielsweise die Zusammensetzung der tertiären Begleittone und aschebildenden Komponenten von ihrer regionalen Herkunft und von den Ablagerungsbedingungen gesteuert wurde. Wie RÖSLER und STARKE (1984) am Beispiel des Miozäns zeigten, führen auf dem Gebiet der DDR die meisten Tone Illit als Hauptkomponente, im Süden aber wegen der abgetragenen Kaoline überwiegend Kaolinit, während im Norden die smektithaltigen Wechsellagerungs-Tonminerale wegen ihrer Beständigkeit im marinen Milieu überwiegen.

3.2. Sorptiv gebundene anorganische Komponenten

Da fast alle Kohlen im Wasser und in Sümpfen entstehen, sind die im Wasser kolloidal oder echt löslichen Elemente insofern von einiger Bedeutung, als sie

a) als Minerale ausgefällt werden oder

b) als Element an die Kohle gebunden werden können.

Wir haben viele Beispiele, wo in den Torfen und Kohlen mehr oder weniger mächtige Bänke und Knollenlagen von Calcium- und Eisenkarbonaten, Schwefelkies, Quarzit, Phosphorit, Bauxit und Eisenoxiden ausgefällt wurden. Das gilt sowohl für Moore und junge Braunkohlen mit z.T. bauwürdigen Einlagerungen von sog. See-Erzen, Seekreide und Limoniten, als auch für karbonische Steinkohlen mit Dolomit-, Siderit- und Schwefelkiesbänken und -knollen. Die sog. "black bands" waren jahrzehntelang der sideritische Rohstoff beispielsweise für die englische Eisenindustrie des vorigen Jahrhunderts. Die calcitischen Knollenbänke im Braunkohlentagebau Espenhain sollen eine Vorstellung über deren Verteilung und Bildung vermitteln (Abb. 7). Es ist zu der Abbildung zu ergänzen, daß auch innerhalb des Kohlenflözes mächtige anorganische Körper (z.B. petrifizierte Xylite) auftreten, die dem Bergbau viel Schaden zufügen.

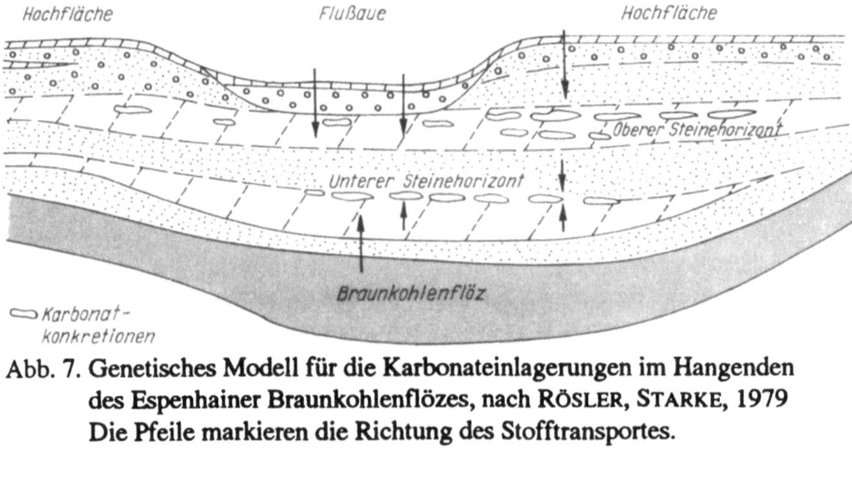

Abb. 7. Genetisches Modell für die Karbonateinlagerungen im Hangenden des Espenhainer Braunkohlenflözes, nach RÖSLER, STARKE, 1979
Die Pfeile markieren die Richtung des Stofftransportes.

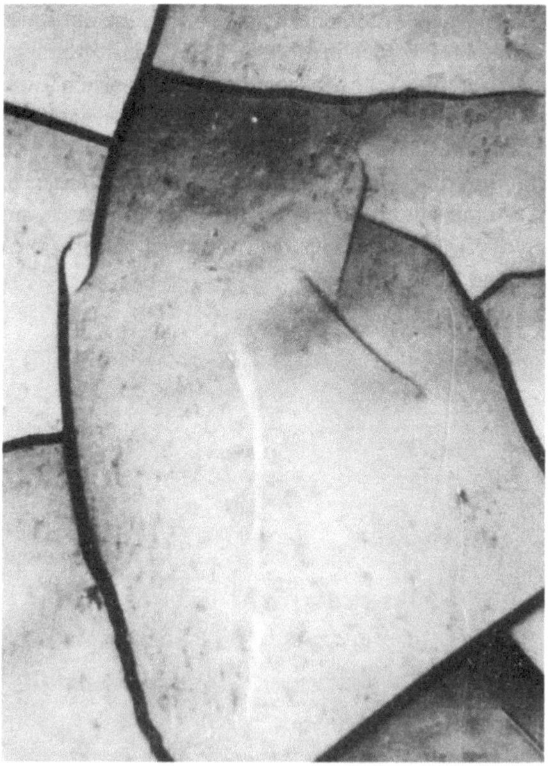

Abb. 8a.
Eugelitische Kluftfüllung im Tagebau Schleenhain, Vergr. 420

Abb. 8b.
Gel-Xylit aus dem Tagebau Goitsche, Vergr. 420

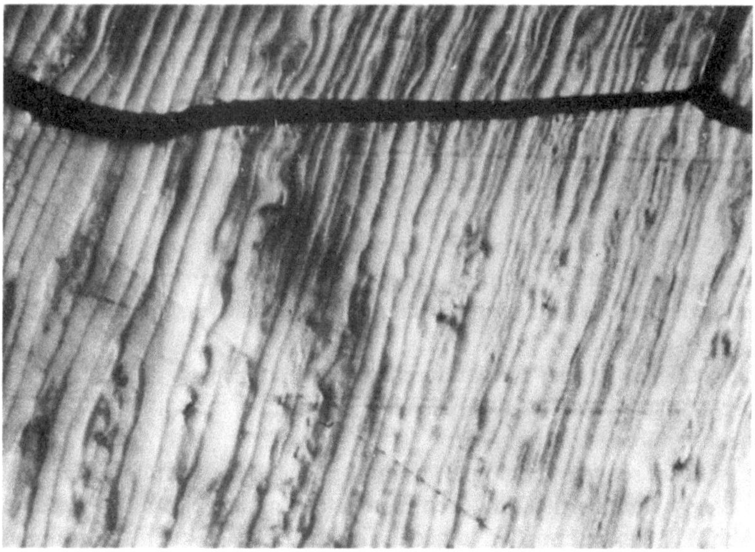

Ebenso wichtig ist die Bindung anorganischer Elemente an die organische Substanz der Kohle. Kohlen (bevorzugt die Steinkohle) werden in moderner Sicht als dreidimensional über Brückenbindungen vernetzte aromatische Makromoleküle angesehen. Eine Unterstützung für die Bindung anorganischer Elemente ist der teilweise Übergang der festen pflanzlichen Ausgangssubstanz in lösliche Huminstoffe. Bei diesen sind von biogeochemischer Bedeutung Huminsäuren und ihre Vorstufen (Hymatomelansäure, Fulvosäure, Braunhumussäure u.a.). Huminsäuren können als Lyosole existieren, sie können kondensieren (Lyosol → Lyogel) und im verfestigten Zustand splittrig brechende Substanzen ergeben (Abb. 8a und b).

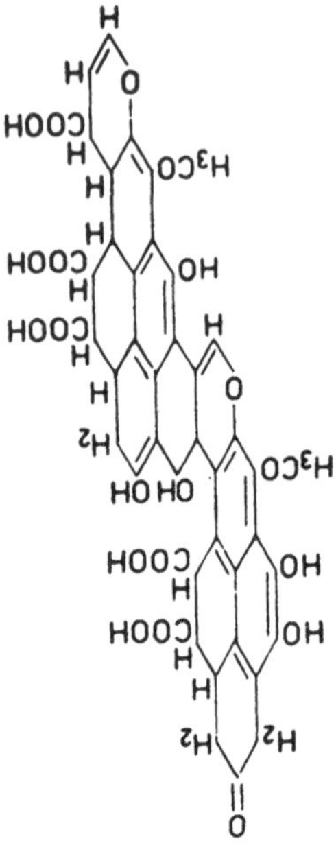

Abb. 9.
Strukturmodell eines Huminsäuremoleküls, nach FUCHS, 1935

"Huminsäuren" haben dabei die Möglichkeit, über funktionelle Gruppen wie Carboxyl- (COOH-), Hydroxyl- (OH-), Carbonyl- (C = O-) und Methoxy- (OCH_3-) Gruppen Elemente sorptiv festzulegen. Zu diesen häufig adsorbierten Elementen gehören u.a. Calcium, Molybdän, Cadmium, Arsen, Vanadium, Uran und Germanium. In Abb. 9 ist ein Strukturmodell eines Huminsäuremoleküls mit verschiedenen funktionellen Gruppen dargestellt.

Da die Migrationsfähigkeit der "Huminsäuren" zwischen einer

a) In-situ-Durchtränkung des Torfmaterials und

b) einer Wanderung über Meter im Flöz

stark schwankt, ist es oft schwer, die Sorptionsfähigkeit für ein bestimmtes Flözpaket vorauszusagen. Es gibt aber Partien, in denen Elemente meist stark angereichert sind (Abb. 10 und Abb. 11), gewissermaßen in geochemische Fallen geraten sind. Hierzu

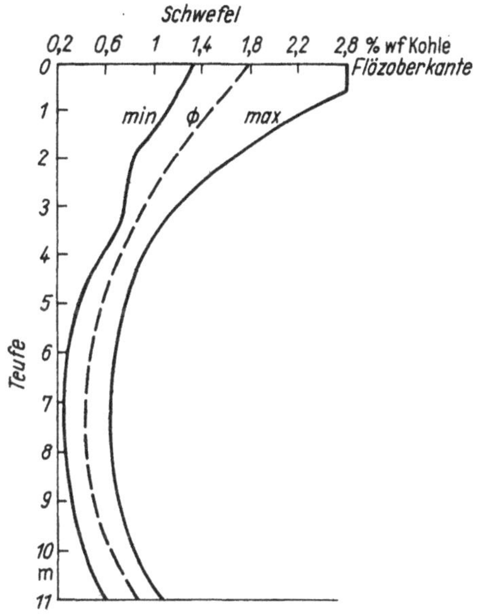

Abb. 10.
Vertikale Verteilung des Gesamtschwefels im 2. Lausitzer Flöz, nach VULPIUS, NEUBERT, 1982

gehören insbesondere die Grenzbereiche der Kohlen gegenüber dem Nebengestein. Aus diesen und anderen Messungen und Beobachtungen kann man sich ein Bild der bevorzugten Bindung jedes Elementes an die organische oder anorganische Substanz machen. In Abb. 12 sind Ergebnisse verschiedener Autoren an Steinkohlen dargestellt.

Eine an sich selbstverständliche Erkenntnis hat sich erst in den letzten Jahren durchgesetzt, nämlich, daß das zweifellos vorhandene Sorptionsvermögen natürlich nur dann zur Wirkung kommt, wenn ein Elementangebot vorhanden ist. Die Meßergebnisse, speziell an Geliten (die ja aus den am meisten sorbierenden Huminsäuren entstehen), beweisen dies eindrucksvoll, sowohl regional als in den Flözprofilen.

Die Huminsäuren können sich aber auch im statu nascendi an größere Kationenmengen binden und dann metallorganische Humate des Calciums, Magnesiums, Aluminiums sowie von Natrium und Ammoniak ergeben (sog. "gebundene" Huminsäuren). Diese sind in ihrem physikalischen Verhalten den "ungesättigten" Huminsäuren sehr ähnlich und im ungealterten Zustand wie diese wasserunlöslich. Bei der Verbrennung hinterlassen sie einen homogenen feinstkörnig-pulverigen Ascherückstand. Diese meist relativ großen Mengen sekundär aufgenommener anorganischer Bestandteile sind der geringen Eigenasche hinzuzurechnen.

Zusammengenommen können diese organisch gebundenen anorganischen Elemente in der Asche von Weichbraunkohlen, je nach Vergelungsgrad, durchschnittlich 5-15 Masse-% (wasserfrei) ausmacht. Die meist höheren Aschegehalte der Gelite gehen auf Kosten ihres hohen Humatanteils, also der metallorganischen Bindung der anorganischen Elemente. Dies ist auch aus der Zusammenstellung von Gelitaschen zu ersehen

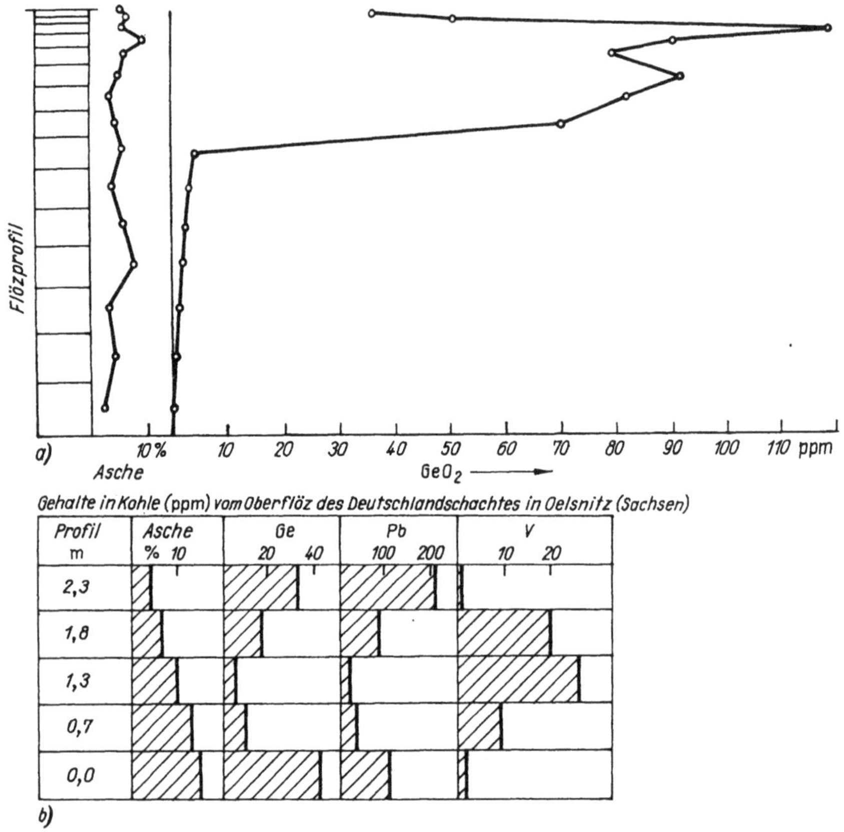

Abb. 11. Beispiele erhöhter Elementgehalte, speziell Germanium, im Randbereich von Kohleflözen, nach JUDOVIC (a), 1987, und LEUTWEIN, RÖSLER (b), 1956

Autor	Bindung an: organische Substanz (Eigenasche)		organische + anorganische Substanz		anorganische Substanz (Fremdasche)
1. Nach LEUTWEIN und RÖSLER, 1956	Ge, Be, Zr, Cr	Cu, Pb, Zn, Mo, Ag, As, Ni, Sb		Ga, Co, V	Mn, Sr, Ba
2. Nach OTTE, 1953	Ge, Ga, V, Cu, Zr, Be, Ti, Ni, Mo, Cr		Co, Pb, Zn, Sb, Sn		Mn
3. Nach BOGDANOV, 1965	Ge, Tl, Sc, As, Pb, Cd, Mo, Sb, P, Zn		Fe, V, Cu, Ba, Sr, Mn		Be, Ti, Cr, Zr, W, Ni, Au, Y, Ce, La, Sn, Ag

Abb. 12. Darstellung der Bindungsstärke einiger Elemente an die Kohle bzw. an die Asche, nach RÖSLER, LANGE, 1975

(Tab. 5). Bei von FAHLDIECK 1985 durchgeführten Untersuchungen wurden aus einer Braunkohle mit 8,9 % Aschegehalt durch NaOH-Behandlung die Fulvo- und Huminsäuren (9,5 %) herausgelöst, deren Aschegehalt mit 3,7 % fast die Hälfte des anorganischen Anteils ausmacht. Dies beweist den hohen Anteil der organischen Bindung anorganischer Ionen.

Tabelle: 5
Schwankungsbreite des Chemismus von Gelitaschen der DDR-Braunkohlen, nach RÖSLER, PETROV, 1982

Element	Schwankungsbreite in %
SiO_2	nn - 20,7
Al_2O_3	3 - 20,5
Fe_2O_3	0,3 - 40,2
TiO_2	nn - 4,5
CaO	16 - 42,0
MgO	1,3 - 10,5
SO_3	17,9 - 47,8

Als regionale Besonderheit müssen die Salzkohlen angesehen werden, die ihren hohen NaCl-Gehalt meist syngenetisch durch Salzablaugung oder -abwanderung erhalten haben (vgl. Abb. 4). Ihr Abbau erfolgt bzw. erfolgte vor allem im hallischen (Ammendorf, Bruckdorf) und nordharzer (Egeln) Raum.

Wie bereits angedeutet, kommt ein besonderer Rang bei den anorganischen Komponenten der Kohlen dem Schwefel zu. Die wichtigsten Bindungsformen des Schwefels in Kohlen sind

- der organisch gebundene Schwefel
- der Sulfatschwefel
- der sulfidisch gebundene Schwefel
- der elementare Schwefel.

Der Schwefelgehalt, den die pflanzliche Ausgangssubstanz als Eigenasche beiträgt, ist relativ gering. Die Hauptmenge des Schwefels wird im diagenetischem Stadium der Torfmoorentwicklung durch bakterielle Verarbeitung des im Porenwasser gelösten Sulfats als organischer und Sulfatschwefel festgelegt. Er macht in der ostdeutschen Braunkohle zwischen 0,5 und 6 Masse-% aus.

In den folgenden Abbildungen werden einige Erläuterungen zum Gesamtschwefelgehalt in verschiedenen Braunkohlenrevieren gegeben. In Abb. 13 sind die Daten für das 2. Niederlausitzer Flöz und das Bitterfelder Flöz fixiert. In der Senkrechten wird die Mächtigkeit des jeweiligen Profilschnittes angegeben, in der Waagerechten der Gesamtschwefelgehalt in wasserfreier Kohle. In den beiden Tagebauen des 2. Niederlausitzer Flözes ist eine weitgehende Parallelität der Gehalte zu erkennen. Bemerkens-

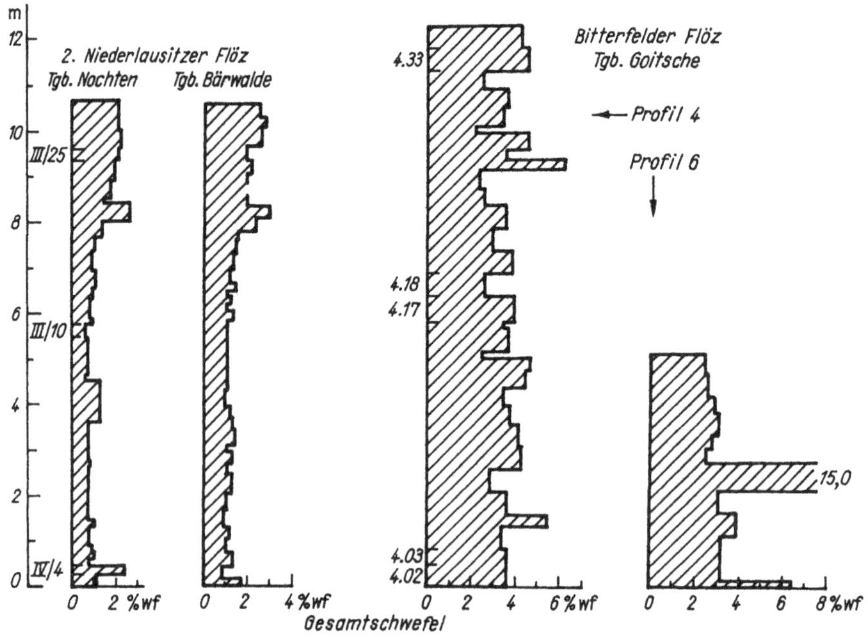

Abb. 13. Gesamtschwefelgehalt in Lausitzer und Bitterfelder Braunkohlenflözen, nach HAHNE, RÖSLER, 1983

wert ist der höhere Schwefelgehalt in den oberen Schichten des Flözes, der wahrscheinlich durch die biogeochemische Einwirkung höher sulfathaltiger Wässer zu erklären ist. Auf den prinzipiell niedrigen Gesamtschwefelgehalt des 2. Flözhorizontes der ostelbischen Kohlen sei an diesem Beispiel hingewiesen. Auf der rechten Seite des Bildes sind zwei Profile des Tagebaues Goitsche im Bitterfelder Revier dargestellt, das linke mächtigere in Beckenfazies, das rechte in Schwellenfazies. Bei erhöhtem Gesamtschwefelgehalt von etwa 4 % zeigen beide Profile keine gesetzmäßige Anreicherung in Teilen des Gesamtflözes.

Als Beispiel für die prozentuale Zusammensetzung des Gesamtschwefels möge Abb. 14 mit zwei Profilen aus dem Raum Bitterfeld dienen. Es ist zu erkennen, und das gilt prinzipiell für alle Braunkohlen der ehemaligen DDR, daß der Hauptteil des Schwefels organisch gebunden ist. Im Gegensatz zum Gesamtschwefelgehalt ist jedoch abzulesen, daß in beiden Profilen eine deutliche Zunahme der Schwefelkiesgehalte im Flöz von oben nach unten auftritt. Die Darstellung veranschaulicht weiterhin, daß in allen Probenahmestrecken ein gewisser restlicher Sulfatschwefelgehalt auftritt. Sie bestätigt den Eindruck, daß der Schwefelkiesgehalt durch das Angebot aus dem Sulfatschwefel entstanden ist. Im Lausitzer Revier beträgt der Sulfidschwefelgehalt maximal 0,19 Masse-%, in den westelbischen Revieren maximal 1 Masse-%. Diese

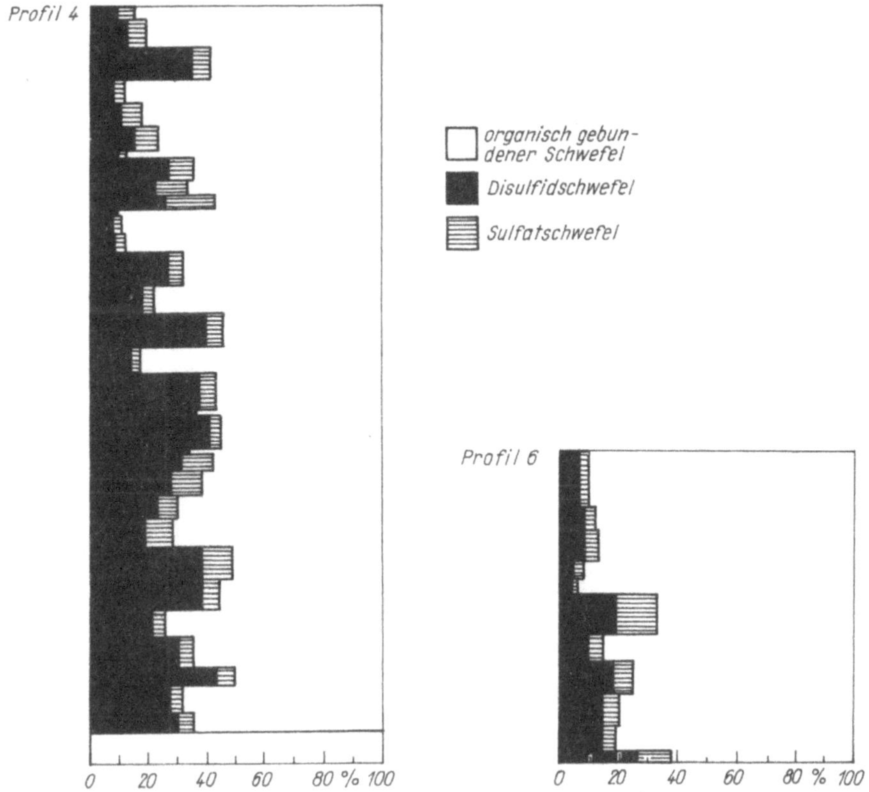

Abb. 14. Prozentuale Zusammensetzung des Gesamtschwefels in Bitterfelder Braunkohlenflözen, nach HAHNE, RÖSLER, 1983

Sulfide sind sehr spurenelementarm. Der Inkohlungsgrad fördert die Sulfidbildung: für "zeitige" und "späte" Sulfidbildung mögen zwei Abbildungen den Beweis antreten (Abb. 15a und b).

Durch Messung der Schwefelisotopenwerte des Braunkohlenschwefelkieses ergibt sich die Möglichkeit, Aussagen über die Bildung der Sulfide zu erhalten. Die Gesamtschwankungsbreite ist außerordentlich groß und reicht von etwa -40‰ bis +55 ‰ $\delta^{34}S$. Das ist mehr, als jemals in Kohlensulfiden gemessen wurde. Dabei ist der generelle Vorgang folgender: H_2S wird von desulfurierenden Bakterien und Fäulnisbakterien im anaeroben Bereich durch Sulfatreduktion und seltener durch Zersetzung von Eiweißstoffen erzeugt. Dieses H_2S wird durch Schwefelbakterien bei Vorhandensein von Metallen der Schwefelwasserstoff- bzw. Schwefelammoniumgruppe als Sulfid gebunden, falls genügende Mengen an Sulfaten als Nachschub vorhanden sind und aerobe Verhältnisse bzw. Gyttjafazies vorliegen. Die mineralische Sulfidform beginnt mit einem Fe-S-Gel (mit erheblichem Schwefelunterschuß), geht dann in sog. Melni-

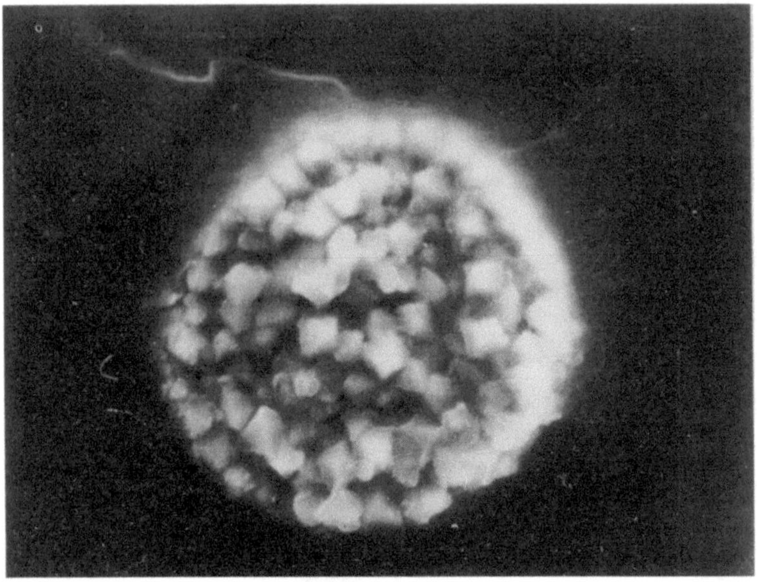

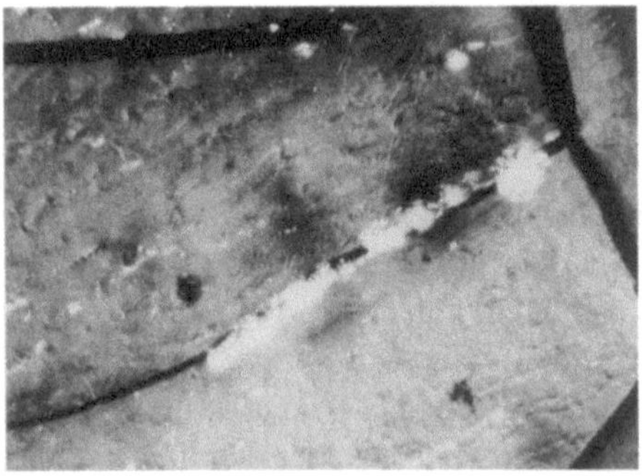

Abb. 15a. Ein syngenetisches Pyritkügelchen ("vererzte Bakterien") in gelitischer Braunkohle von Olbersdorf, Vergr. 5 000

Abb. 15b. Gel-Xylit mit syngenetischem und epigenetischem Pyrit in Braunkohle von Olbersdorf, Vergr. 420

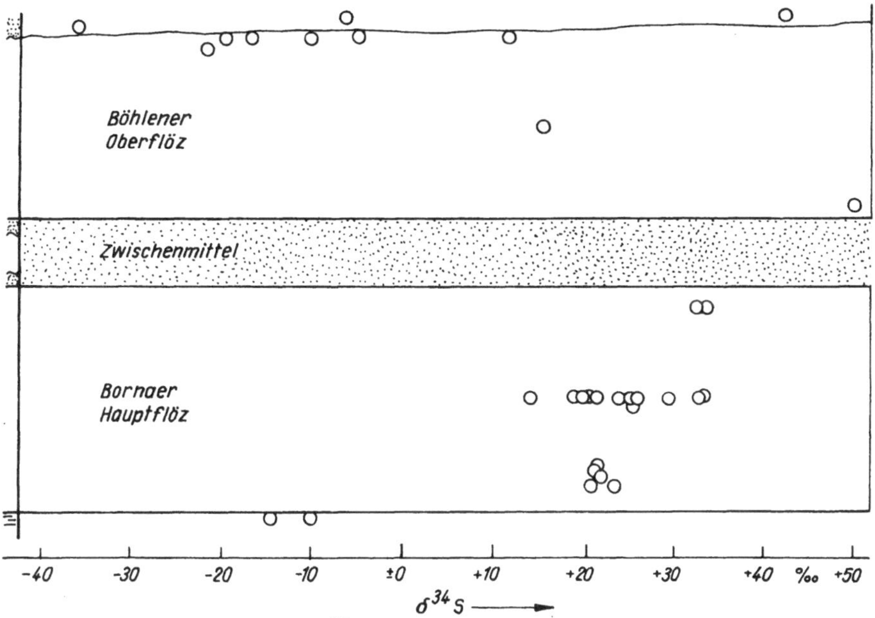

Abb. 16. Die Verteilung der $\delta^{34}S$-Werte des Schwefelkieses im Profil der Braunkohlen der Bornaer Flöze, nach HAHNE, RÖSLER, 1983

kovitpyrit über, der sich in Abhängigkeit vom pH-Wert in Pyrit (>7) oder Markasit (< 7) umwandelt. Markasit kann bei der Inkohlung in den stabileren Pyrit übergehen. Diese Mineralbildung gilt auch für andere seltenere Sulfide wie Bravoit, Galenit, Chalkopyrit, Bornit, Cinnabarit u.v.a.

In Abb. 16 wird am Beispiel des Schwefelkieses des Böhlener Oberflözes und Bornaer Unterflözes an einer größeren Zahl von Schwefelisotopenwerten deren Entwicklungstendenz aufgezeigt. Es ist zu erkennen, daß die $\delta^{34}S$-Werte von Schwefelkies im Flöz zwischen +15 %o und +35 %o schwanken, während die Isotopenwerte für Sulfide im Liegenden und Hangenden viel stärker streuen und schwerpunktmäßig im negativen Bereich angesiedelt sind. Diese Tatsache läßt sich am besten dadurch erklären, daß eine biogene Sulfatreduktion zur Bildung des größten Teils der Sulfide führt. Im Liegenden und Hangenden des Flözes hat es sich um Bedingungen eines offenen Systems und damit einer ständigen Zufuhr von Sulfat gehandelt, während im Flöz die Sulfatzufuhr erschwert wurde und es dadurch zu den bekannten positiven Werten kam.

3.3. Regionale Unterschiede der anorganischen Komponenten

Wir haben bereits festgestellt, daß die Fixierung anorganischer Komponenten in der Kohle, speziell der Braunkohle, in Form von Mineralen und Elementen vom Angebot sowie von den faziell gesteuerten Bindungen abhängt. Über einige Beispiele der regionalen Differenzierung bei den klastischen Mineralen wie Schwerminerale und Tonminerale wurde schon berichtet; hier sollen noch einige weitere Bemerkungen, vor allem zu den Elementen, gemacht werden, deren Gehalt gleichermaßen vom Elementangebot und der Lösungsstabilität abhängig ist. Folgende Beispiele seien genannt:

In den westelbischen Kohlen überwiegen Elemente wie Calcium, Magnesium, Silicium, Aluminium, Schwefel, Bor, während in den ostelbischen (im 2. Niederlausitzer Flöz) das Eisen, Silicium, Kalium und Aluminium stärker vertreten sind. Der erste Typ (sog. Ca-Mg-Typ) beruht auf der Zufuhr calciumreicher Wässer aus dem geologischen Umfeld in das Torfmoor, der damit verbundenen Heraufsetzung des pH-Wertes des Torfes und der gleichfalls davon abhängigen Bakterientätigkeit sowie der Bildung von Kalkhumaten und überdurchschnittlichen Mengen syngenetischen Schwefelkieses.

Wie aber bereits angedeutet wurde, darf man diesen Vergleich nicht unkritisch anstellen, da sich dieser horizontalen Differenziertheit eine altersmäßige und fazielle derart überlagert, daß wir, wie Tab. 6 zeigt, im Westen ältere, überwiegend terrestrisch geprägte Flöze an der Erdoberfläche (Eozän bis Oligozän) abbauen, während wir im Lausitzer Revier (2. Flöz) brackische miozäne Kohle und im Görlitz-Zittauer Raum wieder etwas ältere Kohle gewinnen. Auch die erbohrte Braunkohle des 4. Niederlausitzer Flözes hat einen ganz anderen Chemismus der anorganischen Komponenten, nämlich höhere Gehalte an Schwefel, Strontium, Calcium, Bor und Magnesium als das darüberliegende 2. Flöz. Man bekommt den Eindruck, daß die älteren terrigen beeinflußten Kohlen deshalb reicher an anorganischen Elementen sind, weil sie direkt auf der alten Verwitterungsdecke abgelagert wurden und dadurch den ersten großen Schwall an gelösten Elementen abfingen.

In den Randgebieten unserer Braunkohlenreviere sind verschiedentlich erhebliche Spurenelementanreicherungen zu verzeichnen, so an Blei, Cadmium, Zink, Germanium, Gallium, Uran u.a. Dies ist durch die erheblichen Angebote bei der Gesteinsverwitterung und die gute Fixierbarkeit der Elemente zu erklären.

Bei einem durchschnittlichen Spurenelementgehalt aller ostdeutschen Braunkohlen (bezogen auf Wasserfreiheit) von

10^2 ppm Ti, Mn, Ba
10^1 ppm B, Zr, Cr
10^0 ppm Zn, Cu, Ni, Pb, Nb, Ca, As, Sn
10^{-1} ppm Mo, Cd

heben sich besonders die tektogen geprägten Lagerstätten Olbersdorf und z.T. Berzdorf heraus, speziell durch 3fach höhere Gehalte als in der Lausitz bei den Elementen Cadmium, Zink, Blei, Zinn, Molybdän und 10fach so hohen bei den Elementen Gallium, Kupfer, Nickel, Kobalt, Niobium, Titanium und Zirkonium. Sehr hohe Gehalte treten gelegentlich an Arsen nördlich Leipzig und an Barium, Beryllium, Mangan und Zinn im Weißelsterbecken auf. Diese Werte lassen sich am besten durch Zufuhr in gelöster Form aus der kaolinisierten Verwitterungskruste erklären.

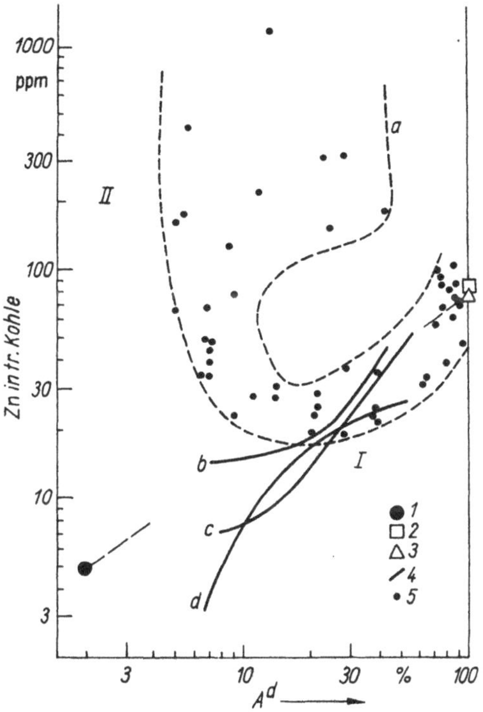

Abb. 17. Beziehungen zwischen dem Zink- und Aschegehalt in verschiedenen ostelbischen Braunkohlen. Das Bild weist nach, daß der Anteil II des Zinks von außen zugeführt sein muß, nach DARBINJAN, 1988
1 Durchschnittsgehalt an Zink in terrestrischen Pflanzen, 2 Clarkewert,
3 Durchschnittsgehalt in Schiefern und Tonen, 4 Regressionsgeraden von Probenserien,
5 Einzelproben
Untersuchungsobjekte: a Zittau, b Ostlausitz, c Fürstenwalde, d Rietschen
I Kohlen mit normalen Gehalten, II Kohlen mit Zn-Anreicherungen

Bemerkenswerte negative Elementanomalien (sog. Senken) bilden sich bei den Spurenelementen im Lausitzer Zentralrevier bei Arsen, in Nachterstedt bei Buntmetallen wie Molybdän, Blei, Zinn und Zink, im Weißelsterbecken bei Cadmium und Chromium sowie bei Bor in allen limnischen Bildungen.

DARBINJAN hat in einer 1988 publizierten Arbeit den Versuch unternommen, die Aschen und ihre Elementgehalte in die Fixpunkte "Pflanzen" und "Nebengestein" einzubauen und dadurch sog. Erzkohlen von Durchschnittskohlen zu unterscheiden. "Erzkohlen" sind durch deutbare biogene, fazielle Vorgänge, durch Mobilisation im

Flöz und Zufuhren aus der Tiefe sowie andere Vorgänge zu erklären. Als Beispiel mögen die relativ hohen Zinkgehalte in den Zittauer Kohlen dienen.

In Abb. 17 ist zu erkennen, daß einige Spurenelementprofile normale Gehalte haben, die sich in die Regressionsgerade einpassen, daß andererseits ein Feld II existiert, bei dem eine zusätzliche Zufuhr angenommen werden muß.

Die Art der Tonminerale ist neben Herkunftsgebiet und Verwitterungstyp weitgehend von der Ablagerungsfazies abhängig, wie das Abb. 18 zeigt. Man kann also im Tertiär aus der relativen Mineralzusammensetzung die marinen, brackischen und limnisch-fluviatilen Bildungs-Bedingungen (Fazies) ablesen. Auch die Aschegehalte verändern sich regional gesetzmäßig.

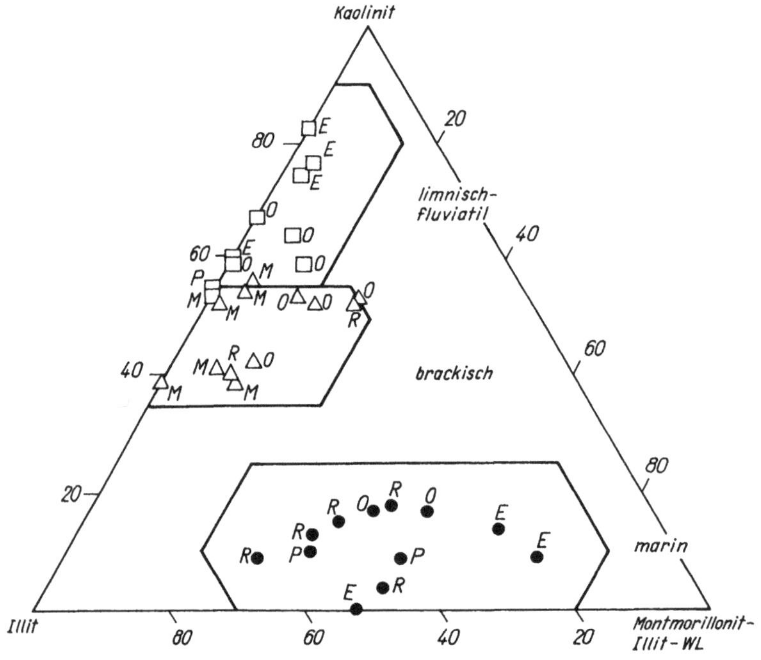

Abb. 18. Mittelwerte relativer Tonmineralgehalte einzelner stratigraphischer und regionaler Einheiten des ostdeutschen Tertiärs und ihre Korrelation mit der marinen, brackischen und limnisch-fluviatilen Fazies, nach RÖSLER, STARKE, 1986.

Erläuterungen: M Miozän, O Oberoligozän, R Mitteloligozän, E Eozän, P Paläozän

Geologisches Alter		Magdeburg-Nachterstedt Röblingen	Weißelsterbecken	Halle-Bitterfeld	Niederlausitz S-Brandenburg	Oberlausitz
Pliozän						
Miozän	oberes					
	mittleres				1.Lausitzer Flöz 2.Lausitzer Flöz / Flöze der Formsandgruppe	Flöze von Berzdorf u. Zittau
	unteres			Flöz Düben Bitterfelder Flöz	3.Lausitzer Flöz / Flöze Quarzsandgruppe 4.Lausitzer Flöz	Zittauer Unterflöz
Oligozän	oberes			Flöz Gröbers	5.Lausitzer Flöz (Calauer Flöz)	Zittauer Basisflöz
	mittleres	Oberflöz von Amsdorf	Böhlener Oberflöz (Flöz IV)			
	unteres					
Eozän	oberes	Flöze der Egelner und Oschersleben Mulden Flöze von Nachterstedt Flöze von Röblingen	Thüringer Hauptflöz (Flöz II) Bornaer Hauptflöz (Flöz II)	Flöz Bruckdorf		
	mittleres			Flöz Wallendorf		
	unteres		sächs.-thüringisches Unterflöz (Flöz I)	Flöz des Geiseltals		
Paläozän						

Tabelle: 6

Schematische Übersicht über das Alter der tertiären Braunkohlen in Ostdeutschland, nach TGL!

4. Kohlenaschen durch thermische Behandlung

Die anorganischen Komponenten der Rohkohlen, auch der Briketts und Kokse, werden durch thermische Behandlung zu Kohlenasche. Der wichtigste thermische Prozeß ist die Verbrennung. Neben dem Hausbrand mit über 17 Millionen Feuerstätten wird die Hauptmenge der Braunkohle industriell zur Erzeugung von Wärme und elektrischer Energie benutzt, womit über 90 % der Abprodukte der ehemaligen DDR erzeugt werden.

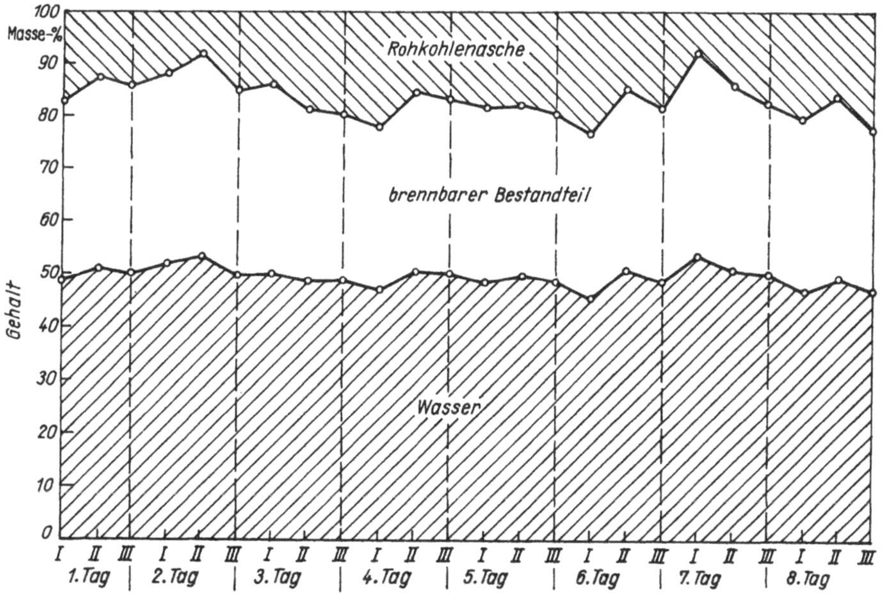

Abb. 19. Das quantitative Verhalten der Braunkohlenkomponenten Asche, Kohle und Wasser bei einer Verbrennung von Rohbraunkohle im Kraftwerk Lübbenau über 8 Tage, nach SCHUBERT, 1975.
I Nachtschicht, II Frühschicht, III Mittagsschicht

Der Aschenanfall erfolgt in unterschiedlicher Form, je nach Art der Verbrennung. Wenn man einmal von der bekannten Art des Hausbrandes mit seinem relativ langsamen und niedrigtemperierten Vorgang absieht, erfolgt die Hauptnutzung in Form von Rohkohle und Kohlenstaub in Heiz- und Kraftwerken, neuerdings meist in modernen

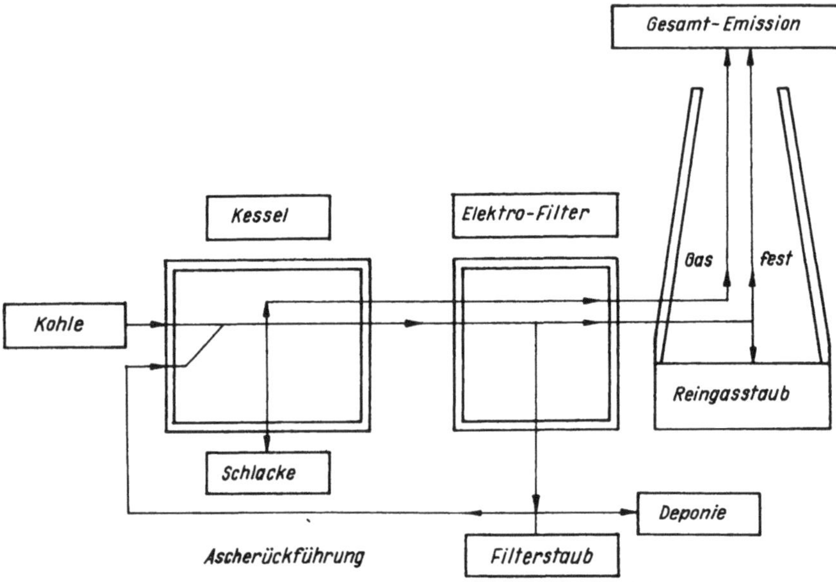

Abb. 20. Schematische Darstellung der Verbrennung von Kohle, verändert nach BRUMSACK, FÖRSTNER, HEINRICHS, 1983

Staubfeuerungs-Kondensations-Kraftwerken. Die Asche fällt, vereinfacht ausgedrückt, als Kesselasche und Flugasche an (Abb. 19), wobei der erste grobe Anteil durch die Schwerkraft durch einen Rost nach unten fällt (etwa 10 %), während der sich bei der Verbrennung abtrennende feinkörnige Hauptteil als sog. Flugasche zum Schornstein wandert und in verschiedenen Stufen und Arten abgeschieden wird (Elektrofilteranlagen mit Vorreinigung 50-70 %, Mittelreinigung 10-30 % und Nachreinigung 5-10 %) und mit einem Rest als rauchartige Abgase den Schornstein verläßt (Abb. 20).

Durch diese Trennung erhalten die verschiedenen Aschearten einen z.T. extrem unterschiedlichen Chemismus, was auch durch die unterschiedliche Entstehung der Stäube begründet wird. Die Haupttypen sind: alumosilikatisch (z.B. Hirschfelde), kieselsäurereich (z.B. Lausitz) und kalkreich (z.B. Bitterfeld), vgl. Abb. 21.

Eine zukunftsträchtige Art der Verbrennung ist die in der Wirbelschicht. Hierbei wird Kohlenstaub bei der niedrigen Temperatur von etwa 900 C verbrannt, was zur Folge hat, daß die Asche z.T. noch aus der unveränderten "wahren Asche" besteht und sehr feinkörnig wegen der noch nicht erreichten Verschlackungstemperatur ist. Eine weitere Folge ist, daß diese Asche sich bei der Deponie anders als die bisher beschriebenen Aschen verhält und daß bei Weiterentwicklung dieses Verfahrens mit weniger SO_2- und NOx-Exhalationen zu rechnen ist.

Bei dieser Darstellung muß berücksichtigt werden, daß nicht alle Elemente die Kohle in partikulärer Form verlassen, sondern als flüchtige (volatile) Komponenten

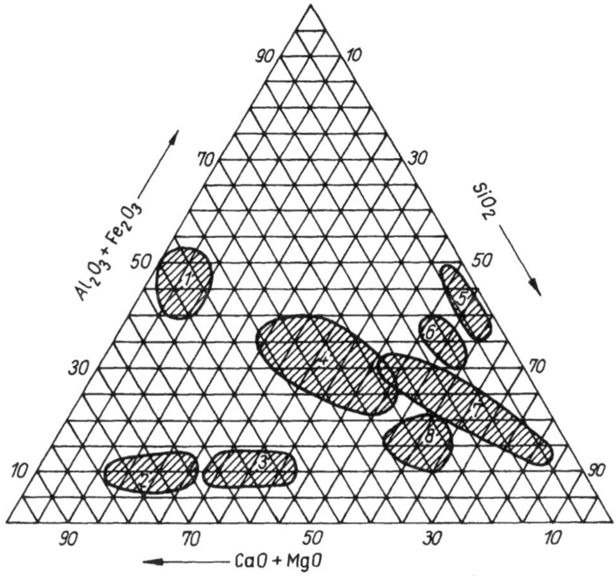

Abb. 21. Chemische Zusammensetzungen von Braunkohlenfilter- und -flugasche verschiedener ostdeutscher Kraftwerke, nach SCHUBERT, 1975.

1 Peenemünde (Filterasche)
2 Gispersleben (Flugasche)
3 Erfurt (Flugasche)
4 Pirna (Filterasche)
5 Hirschfelde (Gesamtasche)
6 Klingenberg (Gesamtasche)
7 Lübbenau (Filterasche)
8 Harbke (Flugasche)

allein oder an partikulare Stäube sorbiert zum Schornstein wandern. Hierzu gehören solche Elemente wie Quecksilber, Cadmium, Zink, Blei, Iod, Arsen, Antimon, Germanium, Gallium, die in den feinsten Flugaschen stark angereichert sind. In jedem Fall kommt es zu z.T. drastischen Zunahmen speziell der Spurenelemente von der Grobreinigung in Richtung zur Feinreinigung. In den Tabellen 7, 8 und 9 wird das Verhalten der Elemente an Beispielen belegt.
Ähnliche Abfälle (Aschen, Schlacken, Sinter) wie bei der Verbrennung fallen in geringeren Mengen bei anderen Kohleveredlungsverfahren, wie z.B. bei der Hochtemperaturvergasung, Verflüssigung, Verschwelung und Verkokung, auch an (Tab. 10 und 11).

Tabelle: 7

Chemische Zusammensetzung einiger Braunkohlenflugaschen von 3 verschiedenen ostdeutschen Kraftwerken (in Masse-%), gegliedert nach verschiedenen Reinigungsstufen, nach BLANKENBURG, SCHREITER, 1986

Kraftwerk/ Filterstufe	SiO_2	Al_2O_3	Fe_2O_3	CaO	MgO	K_2O	SO_3
Thierbach							
GR	71,9	6,3	10,1	7,1	0,8	0,3	0,0
VR	67,5	8,0	8,5	9,9	1,0	0,2	1,5
MR	51,3	11,2	6,8	19,7	2,0	0,2	4,4
NR	47,3	12,5	6,2	21,9	2,2	0,2	4,8
Boxberg III							
GR	81,7	4,3	6,5	3,3	1,4	0,6	0,4
VR	69,1	5,8	8,9	6,9	2,7	0,7	0,7
MR	56,0	7,5	12,6	11,6	4,8	0,8	2,0
NR	45,2	8,6	15,2	15,9	5,7	0,8	2,0
Hagenwerder III							
GR	52,6	28,7	6,4	2,0	1,2	1,4	0,2
VR	49,6	31,9	5,8	3,2	1,5	1,3	0,4
MR	48,6	31,7	5,6	3,8	1,7	1,5	0,5
NR	48,1	32,6	6,3	4,1	1,7	1,5	0,5

GR = Mechanische Grobreinigung
VR = Vorreinigung 1.EGR-Stufe
MR = Mittelreinigung 2.EGR-Stufe
NR = Nachreinigung 3.EGR-Stufe

Tabelle:8

Einige Spurenelementgehalte in verschiedenen Ascherückständen von Steinkohlen (in ppm), nach DANNECKER aus FIEDLER, RÖSLER, 1987

Probe	Element						
	Cr	Mn	Ni	Cu	Zn	Cd	Pb
Schlacke	173	1253	86	245	109	0,31	7
Zyklonstaub	210	834	169	306	299	0,50	159
Elektrofilterstaub	309	562	340	633	873	2,66	625
Reingasstaub	1733	751	934	703	1316	15,86	415
Kohlenstaub	16	60	12	27	71	n.b.	25

Tabelle 9:
Gehalte ausgewählter Spurenelemente in Braunkohlenflugaschen der gleichen Kraftwerke wie in Tab. 7, Angaben in ppm

Kraftwerk/ Filterstufe	B	Ba	Cu	Mn	Ti	Zr
Thierbach						
GR	270	640	28	660	5500	500
VR	490	950	48	1200	6400	550
MR	510	900	39	1300	6400	400
NR	640	2100	67	1600	6500	400
Boxberg III						
GR	43	350	17	450	1500	190
VR	98	580	18	1100	2700	380
MR	130	710	25	1200	2600	320
NR	160	970	31	1800	2400	260
Hagenwerder III						
GR	32	370	61	280	7700	150
VR	42	470	75	350	8000	140
MR	45	580	100	570	8500	150
NR	48	630	120	660	8300	140

GR = Mechanische Grobreinigung
VR = Vorreinigung 1. EGR-Stufe
MR = Mittelreinigung 2. EGR-Stufe
NR = Nachreinigung 3. EGR-Stufe

Tabelle: 10

Chemismus von Brikett-, Koks- und Teeraschen von Lausitzer Braunkohlen, nach LISSNER, THAU, 1956

Chemische Komponenten	Brikett %	Koks %	Teer %
SiO_2	24,6	23,7	21,5
Al_2O_3	11,8	10,6	14,3
Fe_2O_3	8,4	9,6	9,2
CaO	24,3	24,7	23,8
MgO	1,4	2,0	2,7
SO_3	29,0	28,8	27,7

Tabelle: 11

Chemismus von Gasreinigungsansätzen bei der Druckvergasung von Braunkohlen (in Masse-%), nach SCHMIDT, BLANKENBURG, RÖSLER, 1982

Oxide	Abhitzekessel vor dem Staub-dickteerentspanner		Rohgasfeinreinigung vor Kühler vor dem Teerölentspanner		Phenolextraktion		
	AK I	AK II	FR	K 1	unten	Mitte	oben
SiO_2	22,3	23,6	10,5	10,2	46,2	49,6	45,0
Fe_2O_3	20,2	25,9	36,3	34,2	9,5	7,0	9,0
Al_2O_3	4,2	6,1	6,1	6,9	3,0	3,5	3,4
CaO	35,3	23,5	27,4	28,0	6,9	2,5	7,6
MgO	7,1	6,4	6,6	6,0	28,1	30,8	27,7
SO_3	4,5	10,8	8,6	7,9	2,2	1,2	2,0

5. Bewertung der Kohlenaschen

Wie fast jede Sache, so läßt auch die Bewertung der Kohlenaschen Nutzen und Schaden erkennen. Sprechen wir zunächst von der positiven Seite.

5.1. Nutzen der Braunkohlenaschen

Allgemein ist zu sagen, daß derzeit etwa 30 % der anfallenden Asche einer Nutzung zugeführt wird.

Die Ca-Al-SO_4-reichen Aschen, speziell die Flugaschen, haben Bindemitteleigenschaften; dadurch sind sie geeignet, bestimmte Zemente zu ersetzen. Sowohl die feinkörnigen Mineralbestandteile als auch die aus dem Wasser beim Trocknungsprozeß dispers verteilten Salze und die organisch gebundenen Aschebestandteile werden thermisch aktiviert und z.T. dissoziiert; sie reagieren nach der Freisetzung teilweise miteinander, durchlaufen zum großen Teil einen amorphen bzw. schmelzflüssigen Zustand, bilden neue kristalline Phasen oder entweichen gasförmig. Die gesamten Strömungsverhältnisse und die relativ geringen Feststoffgehalte verhindern eine stärkere Agglomerierung der feinen Partikelchen, und da die Abkühlung ebenfalls rasch erfolgt, ist der kristalline Anfall oft gering.

Die Aschen finden Einsatz im Bauwesen, im Straßenbau und als Versatzmittel im Bergbau überall dort, wo mittlere Anforderungen an die Standfestigkeit, jedoch nicht zu hohe Forderungen an die Scherfestigkeit gestellt werden. Im Bauwesen ist eine Verwendung der Braunkohlenasche in den Zementwerken als Zuschlag anstelle von Ton vorzusehen, weiter zur Herstellung von Porenbeton und Porensinter. Auch kann durch Einsatz von BHT-Koks in der Hüttenindustrie ein Teil des Kalkzusatzes eingespart werden.

Bestimmte calcium- und tonreiche Aschen werden zur Bodenverbesserung auf sandige Böden und Braunkohlenkippen ausgebracht, da sie die Sorptionsfähigkeit erhöhen, besonders wenn sie mit Restkohlen versetzt sind und wenn sie bestimmte Nährelemente dem Boden zuführen, wie z.B. Bor, Magnesium, Kalium. Solche Aschen werden auch zur Stabilisierung und Reinigung von Wasser (pH-Wert, Ausfällung von kolloidalen Produkten usw.) eingesetzt.

Als wichtige Verfahren der Grundmelioration der Kippenböden in Ostdeutschland haben sich in der Vergangenheit hauptsächlich angeboten:

das Böhlener Verfahren (mit Kalkschlamm)
das Koyne-Verfahren (mit Bioschlamm)
das Domsdorfer Verfahren (mit Braunkohlenasche)

Bestimmte Aschen des Lausitzer Braunkohlenreviers, speziell des 2. Flözes bei Senftenberg, sind relativ eisenreich. Man nimmt an, daß dieser Eisengehalt über Eisenchelate unter günstigen klimatischen Bedingungen vom Rande des Kohlenmoores mobilisiert und in der organischen Substanz festgelegt wurde. Im Jahre 1985 wurden 22 000 t eisenreiche Asche genutzt. Sie sind in der Vergangenheit eingehend auf provinzielle Anreicherung und Aufbereitbarkeit untersucht worden und waren für die Niederschachtofenverhüttung vorgesehen. Die Asche ist deshalb gesucht, weil das Eisen meist reduziert vorliegt und daher weniger Koks benötigt. In Abb. 22 ist ein Beispiel des Auftretens von Magnetit photographisch dargestellt, in Tab. 12 wird eine Übersicht über die Verteilung der Eisenminerale in den Aschen gegeben.

Auch bestimmte Inhaltsstoffe wie Aluminiumverbindungen, Glaukonit und Schwefelkies werden immer wieder wegen früherer guter Erfahrungen für eine Nutzung zur Diskussion gestellt. Speziell der Schwefelkies wurde in den nordharzer Revieren (Nachterstedt, Egeln, Völpke) in relativ großen Mengen (>30 000 t, mit einem Gehalt von 2,5-3 % in der Kohle) ausgehalten und wegen seiner Spurenelementarmut (vor allem von Arsen und Quecksilber) als Schwefelsäurerohstoff sehr gesucht.

Perspektivisch sind einige Spurenelemente aus Flugaschen gewinnbar, wie Germanium, Quecksilber, Selen, Iod. Flugstäube von Steinkohlen haben bis 2 % Germanium, im ehemaligen Zwickauer Bergbau bis 1 % Germanium; sie sind in der Zeit des Ge-Booms weltweit gewonnen worden. Durchschnittliche Gehalte in Filterstäuben westdeutscher Kohlekraftwerke zeigt Tab. 13.

Abb. 22. Dendritische Entmischung von Magnetit in einem Schmelzkügelchen der Braunkohlenverbrennung, Vergr. 700, nach SCHUBERT, 1975

Abb. 23. Strahlende (uranhaltige) aschereiche Steinkohle von Freital bei Dresden. In einem Anschliff sind, eingebettet in eine mittelgraue Grundmasse, weiße streifig angeordnete Flecken aus Schwefelkies und, jeweils in der Mitte des Bildes, eine graue Einlagerung mit einem fast weißen Hof (Aureole) zu sehen. Schwarz sind überwiegend tonige Partikel. Vergr. etwa 20. Die weiße Aureole entsteht durch die höhere Inkohlung der Steinkohle und der damit verbundenen höheren Reflexion der Kohle durch die Einwirkung der beim Zerfall des Urans freiwerdenden Strahlung (Energie).

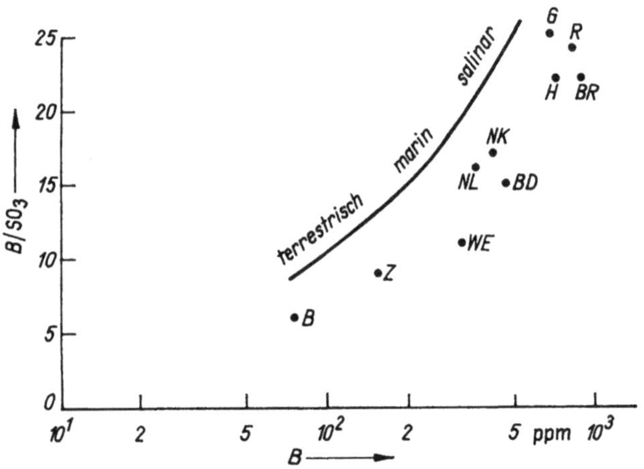

Abb. 24. Einstufung der Braunkohlen in terrestrische, marine und salinarbeeinflußte Bildungsräume auf der Grundlage des B-SO_3-Verhältnisses, nach RÖSLER, BEUGE et al., 1979

G Geiseltal, R Röblingen, BR Bruckdorf, H Helmstedt, NK Nachterstedt, NL Niederlausitz, BD Bitterfeld, WE Weißelsterbecken, Z Zittau, B Berzdorf

Tabelle: 12
Schwankungsbereich der Eisenmineralverteilung (in Masse-%) in den verschiedenen Aschetypen des Kraftwerkes Lübbenau, nach SCHUBERT, 1975

Mineralphase	Feuerraum-asche	Vorreinigungs-asche	Nachreinigungs-asche
Hämatit	35 ... 45	30 ... 45	25 ... 35
Magnetit	15 ... 25	20 ... 25	15 ... 20
Pyrrhotin	0 ... 5	-	-
Röntgenamorphe Mineralbestandteile	30 ... 40	35 ... 45 (zusammen mit Ferritische Phasen)	45 ... 60 (zusammen mit Ferritische Phasen)
Ferritische Phasen	-		

Anorganische Einlagerungen können gelegentlich zur stratigraphischen oder faziellen Einordnung von Flözen genutzt werden. Speziell haben dazu ehemalige vulkanische Tuffe gehört, die heute als kaolinitische Tonsteine in der Kohle liegen, so z.B. der Lehekohlenstreifen in Zwickau und die Graupentonsteine in der Kohle von Hainsberg-Zauckerode. Ein Beispiel für die fazielle Einstufung mit geochemischen Methoden wird in Abb. 24 gegeben.

Tabelle: 13
Mittlere Zusammensetzung der Filterstäube aus westdeutschen Kohlekraftwerken, nach BRUMSACK, FÖRSTNER, 1984

Element		Steinkohle Trockenfeuerung	flüssige Schlacke	Braunkohle
ppm	Ag	5,5	9,2	0,079
%	Al	10,33	12,97	3,14
ppm	As	155	447	16
ppm	Ba	2062	2196	818
ppm	Be	21	33	3,0
ppm	Bi	1,8	5,4	0,13
ppm	Br	13	6,2	11
%	Ca	5,22	4,28	13,96
ppm	Cd	21	34	0,52
ppm	Ce	165	168	30
ppm	Cl	504	252	279
ppm	Co	128	108	15
ppm	Cr	182	233	44
ppm	Cu	238	442	15
ppm	F	165	196	249
%	Fe	6,51	8,25	3,14
ppm	Hg	0,33	0,21	0,25
ppm	I	5,7	2,9	7,4
%	K	1,46	2,04	0,38
ppm	La	85	78	21
%	Mg	1,18	1,36	1,61
ppm	Mn	629	472	285
%	Na	0,85	0,95	0,52
ppm	Ni	348	272	31
ppm	Pb	309	966	16
ppm	Rb	172	194	56
%	S	1,36	1,17	3,26
ppm	Sb	12	43	0,97
ppm	Sc	22	26	2,9
ppm	Se	19	36	2,8
%	Si	23,71	21,20	24,47
ppm	Sn	38	18	8,9
ppm	Sr	744	862	736
ppm	Th	28	43	8,6
%	Ti	0,53	0,67	0,066
ppm	Tl	6,8	29	0,18
ppm	U	19	21	7,4
ppm	V	441	491	64
ppm	Zn	756	1401	78

5.2. Schaden der Braunkohlenaschen

Kohlenaschen sind Ballaststoffe, die sich vor allem in folgenden Bereichen negativ auswirken:

- sie senken den Heizwert der Kohle,
- sie erhöhen die spezifischen Transportkosten der Kohle,
- sie beeinträchtigen die thermischen Austauschvorgänge in Dampferzeugern,
- sie verschlechtern oft das Veredlungsverhalten der Kohlen,
- sie verursachen häufig Umweltbelastungen.

Speziell ist folgendes zu vermerken:

Eine starke Umweltbelastung erfolgt durch die riesigen, für den Menschen mehr oder weniger sterilen Aschemengen, die beim Hausbrand und vor allem bei der industriellen Nutzung anfallen. Sie nehmen für ihre Lagerung und Deponie viel wertvollen Boden in Anspruch, der derzeit durch Wiederurbarmachung noch nicht vollständig in den ursprünglichen Zustand zurückversetzt werden kann. Die Restschwefelgehalte rufen verschiedentlich saure Reaktionen in den Ascheböden hervor, die aber durch Kalkschlamm oder calciumreiche Filterasche abgestumpft werden können.

Die Belastung vor allem der Menschen durch die Braunkohlenaschen-Aerosole (DDR: 0,5-1,5 g/t Kohle), die bei der Verbrennung auftreten, sind im Normalfall zwar wenig angenehm, jedoch im Gegensatz zu den bei thermischen Prozessen anderer Stoffe, speziell Erze, Kunststoffe und Sekundärrohstoffe, meist weniger gefährlich. In meteorologischen Konfliktsituationen jedoch, wie z.B. bei Smog-Gefahr, sind die mit den Aschen gemeinsam auftretenden Gase unheilvoller. Allgemein kann man sagen, daß die Aschepartikel der Braunkohlenverbrennung zwar sichtbar, jedoch nicht so belastend sind, wie die gasförmigen Stoffe Schwefeldioxid, Kohlenmonoxid, Stickoxide, organische Hg-Verbindungen und Arsenverbindungen. Fluor-Emissionen können als gasförmige Verbindungen (HF, SiF_4), leicht lösliche Verbindungen (NaF, Na_2SiF_6) und als wenig lösliche Verbindungen (AlF_3, CaF_2) auch für Pflanzen negativ wirksam werden. Die moderne Abtrennung von Flugstäuben erlaubt Abscheidungsgrade von 98,5 % und Reingasgehalte von 0,15 g/m^3. Die Gesamtemissionen von Kohlekraftwerken Westdeutschlands für das Jahr 1980 sind in Tab. 14 aufgeführt.

Mitunter kommt es in der Reaktionskammer (Brennkammer) zu Anlagerungen von Ascheschlacken an das Wärmeübertragungssystem, so daß der Nutzeffekt durch diese isolierende Wirkung sinkt. Stillegungen, mechanische und hydromechanische Entfernung der Staubpartikel und Krusten sind erforderlich. Diese Ansatzschlackenbildung ist in jedem Fall eine prozeßbehindernde Erscheinung der Kohleveredlung und bedarf gründlicher substantieller Untersuchungen der Ursachen. Salzkohlenaschen haben einen besonders niedrigen Schmelzpunkt von 600-900 C und sind deshalb sehr anfällig.

Tabelle :14
Gesamtbilanz der Emissionen der westdeutschen Kohlekraftwerke für das Jahr 1980. Angaben in t/Jahr, nach BRUMSACK et al., 1983

Element	Braunkohle trocken	Steinkohle trocken	Steinkohle flüssig	Summe
Al	3450	287	6820	10557
As	3,8	3,0	159	165,8
Bi	0,05	0,03	1,7	1,8
Br	106	45	302	453
Ca	9060	133	2060	11253
Cd	0,15	0,45	13	13,6
Cl	29770	6525	67420	103715
Cr	4,6	1,4	32	38
F	2860	285	4060	7205
Hg	11	1,6	9,8	22,4
I	49	8,4	59	116,4
Ni	2,4	5,3	76	83,7
Pb	6,3	11	633	650,3
S	311800	52700	453000	817500
Se	4,6	0,65	22	27,3
Ti	57	18	437	512
Tl	0,03	0,05	4,0	4,1
V	3,6	3,3	68	74,9
Zn	18	12	420	450

Bei der Verarbeitung (Veredlung) der Braunkohle üben die anorganischen Ballaststoffe oft erhebliche Störungen aus. Bei der Brikettierung wirkt sich der steigende Sandgehalt (Quarz) durch erheblichen Abrieb des Formzeuges aus.

Danksagung
Der Verfasser dankt den Akademiemitgliedern E. FANGHÄNEL und H. KRUG sowie Herrn Prof. Dr. R. VULPIUS (Freiberg) für die Durchsicht des Manuskripts sowie für lehrreiche Diskussionen.

Literatur

ADOLPHI, F.; STÖRR, M.: Glow discharge excited low temperature ashing. Fuel 64 (1985), 151-155.

AGDE, D.; SCHÜRENBERG, H.: Untersuchungen über die Kolloidstruktur der erdigen Braunkohlen. Braunkohle 41 (1942) 5/6, 41-69.

ANDRASCHKO, J.; STIPANITS, P.; HECHT, F.: Die Anreicherung von Uran in Torf. Microchimica Acta (1964), 124-135.

BELLMANN, H. J.; SEIFERT, A.: Über Humusgel-Gänge in oligozänen Sedimenten der Leipziger Bucht. Neue Bergbautechnik 8 (1978), 426-428.

BLANKENBURG, H.-J.; SCHREITER, F.: Eigenschaften und Einsatzmöglichkeiten der Braunkohlenflugaschen der DDR. Freib. Forschungsh. C 414, S. 102-114, Leipzig 1986.

BRUMSACK, H. J.; FÖRSTNER, U.; HEINRICHS, H.: Umweltprobleme durch metallreiche Verbrennungsprodukte - potentielle Emissionen aus Kohlekraftwerken der Bundesrepublik Deutschland. Chemiker Zeitg. 107 (1983), 161-168.

BRUMSACK, H.; HEINRICHS, H.; LANGE, H.: West German coal power plants as sources of potential toxic emissions. Environm. Techn. Letters 5 (1984), 7-22.

CASAGRANDE, D. J.; SIEFERT, K.; BERSCHINSKI, CH.; SUTTON, N.: Sulfur and peat-forming system of the Okefenokee and Florida everglade: origin of sulfur in coal. Geochim. Cosmochim. Acta 41 (1977), 161-167.

DARBINJAN, F.: Geochemie der Braunkohlen der DDR am Beispiel des ostelbischen Kohlereviers. Dissertation Bergakademie Freiberg, Freiberg 1988.

FIEDLER, H. J.; RÖSLER, H. J.: Spurenelemente in der Umwelt. G. Fischer Verlag, Jena 1987.

FISCHER, W.; SCHLUNGBAUM, G.; BELAU, L.: Chemische Untersuchungen von Braunkohlen aus Vorkommen der DDR, Teil XVI. Freib. Forschungsh. A 429, S. 111-127, Leipzig 1968.

FUCHS, W.: Rare elements in German brown-coal ashes. Industr. Engin. Chem. (1935) 9, 1099.

FUNGK, E.; ILGNER, E.; LANG, E.: Braunkohlenfilteraschen der DDR - Zumahlstoffe in der Zementindustrie. Silikattechnik 20 (1969) 9, 302-307.

HAHNE, H.; RÖSLER, H. J.: Zur Verteilung und Genese von Eisensulfiden in Braunkohlen. Vortrag am 8.9.1983 auf der 30. Jahrestagung der GGW in Cottbus.

HARDAN, M.; STÜDEMANN, K.: Phasenanalytische Untersuchungen an Braunkohlenfilteraschen der Kraftwerke Hagenwerder und Hirschfelde. Chem. Techn. 34 (1982) 2, 94-96.

HÄUSER, D.; SCHULZ, L.; VULPIUS, R.; WALTEMATEN, G.: Die Entwicklung der Braunkohlenindustrie der DDR. WTI 27 (1986) Reihe A 3, 3-13.

JAKOB, H.: Dopplerit - seine Petrographie und Genesis. Geologie (1958) 1, 61-79.

JARRECK, E.: Untersuchungen der bei der Verarbeitung der Salzkohlen anfallenden Flugstäube, Ansätze und Schlacken. Diplomarbeit, Bergakademie Freiberg, Freiberg 1983.

JUDOVIČ, JA. E.: Geochimija iskopaemych uglej. Izd. Nauka, Leningrad 1987.

KAWELKE, CH.: Beziehungen zwischen Veraschungstemperatur, Veraschungsgeschwindigkeit, Chemismus und Schmelzverhalten von Braunkohlenaschen. Abschlußarbeit im Postgradualstudium "Rohstoffbewertung", Bergakademie Freiberg 1975.

KREJCI-GRAF, K.: Minor elements in coal. In Augusthitis (edit.): The significance of trace elements. Theophrastus Publ., Athens 1983, S. 533.

KREVELEN, D. W. VAN; SCHUYER, J.: Coal Sciense. Elsevier Publ. Amsterdam etc. 1957.

KŘIBEK, B.: Transport of iron by natural and synthetic humic acids in oxidation environment. Acta Univ. Carol., Geologica (1975) 2, 149-165.

KRUG, H.; NAUNDORF, W. (Hrsg.): Braunkohlenbrikettierung. Deutsch. Verlag Grundstoffind., Leipzig 1984.

LISSNER, A.; THAU, A.: Die Chemie der Braunkohle, Bd. I. Verlag Wilh. Knapp, Halle 1956.

LOWENSTAM, H. A.: Minerals formed by organisms. Science 211 (1981), 1126-1131.

MACKOWSKY, M.-TH.: Mikroskopische Untersuchungen über anorganische Bestandteile der Kohle und ihre Bedeutung für Kohleaufbereitung und Kohleveredlung. Arch. Bergbauforschg. 4 (1943) 1, 1-15.

MANSKAJA, S. M.; KODINA, L. A.: Geochimija lignina. Izd. Nauka, Moskva 1975.

NEUBERT, K. H.; VULPIUS, R.: Untersuchungen zur regionalen Entwicklung der Kohlequalitäten des 2. Lausitzer Flözhorizontes. Dissertation A, Bergakademie Freiberg, Freiberg 1976.

NISSENBAUM, A.: Organic matter - metals interactions in recent sediments: The role of humic substances. Geochim. Cosmochim. Acta 40 (1976), 809.

OELSNER, O.; STARKE, R.: Röntgenographische und mikroskopische Befunde an Asche und Ascheverfestigungen von Druckgasgeneratoren. Freib. Forschungsh. A 335, S. 17-28, Leipzig 1965.

ROSELT, R.: Zum Problem der Vergelung der Kohlen. Freib. Forschungsh. C 242, Teil II, S. 13-28, Leipzig 1969.

RÖSLER, H. J.; LANGE, H.: Geochemische Tabellen. Deutsch. Verlag Grundstoffind., Leipzig 1975.

RÖSLER, H. J.; STARKE, R.: Bedeutung der Tonminerale in den Braunkohlenbegleitschichten. Z. angew. Geol. 32 (1986) 9, 325-331.

RÖSLER, H. J.; PETROV, .V. : Forschungsbericht "Gelite". Bergakademie Freiberg, Sektion Geowissenschaften 1982.

RÖSLER, H. J.; BEUGE, P.; SCHRÖN, W.; HAHNE, K.; BRÄUTIGAM, S.: Die anorganischen Komponenten der Braunkohle und ihre Bedeutung für die Braunkohlenerkundung. Freib. Forschungsh. C 331, S. 53-71, Leipzig 1979.

RÖSLER, H. J.; PÄLCHEN, W.; OSSENKOPF, W.; TAUBERT, P.: Die Kohlentonsteine aus dem Steinkohlenbecken von Zwickau-Oelsnitz, Freital-Döhlen und Doberlug. Freib. Forschungsh. C 211, Leipzig 1967.

SCHMIDT, W.; BLANKENBURG, H. J.; RÖSLER, H. J.: Mineralogie und Paragenese in Schlacken aus der Druckvergasung von Braunkohlenölen. Freib. Forschungsh. C 374, S. 91-104, Leipzig 1982.

SCHRÖN, W.; RÖSLER, H. J.; DÜSING, B.: Geochemische Referenzmaterialien Braunkohlenasche BE-1 und BS-1. Z. angew. Geologie 35 (1989) 6, 184.

SCHUBERT, G.: Gewinnung von Eisenkonzentraten in Verbrennungsrückständen. Freib. Forschungsh. A 506, Leipzig 1972.

SEIFERT, A.: Methoden und Ergebnisse regionaler kohlenpetrographischer Untersuchungen zur Vergelung der Braunkohlen des Raumes Leipzig - Halle - Bitterfeld. Dissertation A, Bergakademie Freiberg, Freiberg 1980.

SEIFERT, A.; SIPPEL, V.; SÜSS, M.: 30 Jahre Rohstoffbewertung für Partner im In- und Ausland. WTI 27 (1986) Reihe A, H. 3.

SEIFERT, A.; VULPIUS, R.: Die geologische Erkundung von Braunkohlenlagerstätten. WTI 27 (1986) Reihe A, 14-23.

SZALAY, A.; SZILAGY, M.: Accumulation of microelements. Adv. Org. Chem. Earth Sciences, Oxford 31 (1969), 567-577.

VIETE, G.: Zur Entstehung der glazigenen Lagerungsstörungen unter besonderer Berücksichtigung der Flözdeformationen im mitteldeutschen Raum. Freib. Forschungsh. C 78, Berlin 1960.

VINOGRADOV, A. P.: The isotopic composition of sulphur as a factor indicating constancy of its cycle circulation in time. Dokl. Akad. Nauk SSR, Moskva 204 (1970), 704-706.

VULPIUS, R.; NEUBERT, K. H.: Zur Verteilung und Genese des Schwefels in den Braunkohlen des 2. Lausitzer Flözhorizontes. Neue Bergbautechnik 12 (1982) 11, 653-658.

VULPIUS, R.; NEUBERT, K. H.: Zum Einfluß der Tektonik auf die Bildung und stoffliche Differenzierung des 2. Lausitzer Flözes. WTI 27 (1986) Reihe A, 3, 40.

WILDENHAIN, W.: Chemie der Fulvo- und Huminsäuren. Freib. Forschungsh. A 447, Leipzig 1969.

WOLF, R.: Vergleichende geochemische Untersuchungen über umweltbelastende Elemente in Abhängigkeit vom Braunkohlenrevier. Diplomarbeit, Bergakademie Freiberg, Freiberg 1984.

-: Fachbereichsstandard DDR: Schnellverfahren zur Bestimmung der Asche von Rohbraunkohle. TGL 32669, Gruppe 11200.

Bei Fragen zur Produktsicherheit wenden Sie sich bitte an:
If you have any questions regarding product safety,
please contact:

Walter de Gruyter GmbH
Genthiner Straße 13
10785 Berlin
productsafety@degruyterbrill.com